ro
ro
ro

Zu diesem Buch

«Hawking setzt sich – sehr lesenswert und mit britischem Humor und Anekdoten gepfeffert – mit Themen der naturwissenschaftlichen Philosophie auseinander. Der Leser findet Essays und Bemerkungen über die Fragestellungen ‹Wie können wir wissen, was real ist?›, ‹Möglichkeiten – Wahrscheinlichkeiten – Wirklichkeiten›, ‹Probleme des Determinismus›, ‹Unbestimmtheit und Komplexität›, ‹Intelligenz und freier Wille› und vieles mehr. Hawkings unterhaltsamer, aber gleichzeitig provozierender Stil regt zum eigenen Nachdenken an. Wir empfehlen, bei der Lektüre dem britischen Humor mit deutscher Gelassenheit zu begegnen. Eine Warnung sollte der Leser allerdings beherzigen: Das Buch will sicher nicht den Eindruck erwecken, als könne Physik nur von Gurus beherrscht werden. Hawking selbst sagt, daß es angesichts der heutigen Probleme immer wichtiger wird, daß alle Menschen einen Einblick in die Naturwissenschaften erhalten.» *Nürnberger Nachrichten*

Prof. Dr. Stephen Hawking, 1942 geboren, Physiker und Mathematiker an der Universität Cambridge, wo er 1979 zum «Lukasischen Professor» ernannt wurde, ein angesehenes Lehramt, das vor ihm zum Beispiel Isaac Newton und Paul Dirac bekleideten. Hawkings Bücher bei Rowohlt: *Eine kurze Geschichte der Zeit, Die illustrierte Kurze Geschichte der Zeit* und *Stephen Hawkings Welt: Ein Wissenschaftler und sein Werk*. Außerdem lieferbar: *Stephen Hawking: Die Biographie* von Michael White und John Gribbin.

Stephen Hawking

Einsteins Traum

Expeditionen an die Grenzen der Raumzeit

Deutsch von Hainer Kober

Rowohlt Taschenbuch Verlag

rororo science
Lektorat Jens Petersen

Sonderausgabe Mai 2005

Veröffentlicht im Rowohlt Taschenbuch Verlag,
Reinbek bei Hamburg, Oktober 1996

Die Originalausgabe erschien 1993 unter dem Titel
«Black Holes and Baby Universes and Other Essays»
im Verlag Bantam Books, New York

Umschlaggestaltung any.way, Barbara Hanke
(Foto: akg-images)
Gesamtherstellung Clausen & Bosse, Leck
Printed in Germany
ISBN 3 499 62023 5

Inhalt

Inhalt

Vorwort

In diesem Band sind Arbeiten gesammelt, die ich zwischen 1976 und 1992 geschrieben habe – autobiographische Skizzen, wissenschaftsphilosophische Überlegungen und Versuche zu erklären, warum mich die Physik und das Universum so faszinieren. Das Buch endet mit der Abschrift der «Desert-Island-Discs»-Sendung, zu der ich eingeladen war. Diese Radiosendung ist eine typisch britische Institution, bei der jeweils ein Gast gebeten wird, sich vorzustellen, es würde ihn auf eine einsame Insel verschlagen und er dürfe sich acht Schallplatten aussuchen, um sich mit ihnen die Zeit bis zu seiner Rettung zu vertreiben. Glücklicherweise mußte ich nicht allzu lange warten, bis ich wieder in die Zivilisation zurückkehren durfte.

Da diese Arbeiten über einen Zeitraum von sechzehn Jahren entstanden, geben sie den jeweiligen Stand meines Wissens wieder, das sich, wie ich hoffe, im Laufe der Jahre erweitert hat. Ich nenne deshalb die Daten und die Anlässe, für die die Texte geschrieben wurden. Da jeder als in sich abgeschlossene Einheit konzipiert war, kommt es unweigerlich zu einem gewissen Maß an Wiederholungen. Ganz ist mir der Versuch, sie zu beseitigen, nicht gelungen.

Einige Beiträge in diesem Buch waren in ihrer ursprünglichen Fassung Vortragsmanuskripte. Schon in den siebziger Jahren war meine Stimme so verzerrt, daß ich meine Vorlesungen und Vorträge von anderen halten lassen mußte, gewöhnlich von einem meiner Doktoranden, der mich verstehen konnte oder einen Text vorlas, den ich geschrieben hatte. Doch 1985 mußte ich mich einer Operation unterziehen, die mir meine Stimme völlig raubte. Eine Zeitlang hatte ich überhaupt keine Verständigungsmöglichkeit mehr. Schließlich bekam ich ein Computersystem mit einem hervorragenden Sprachsynthesizer. Zu meiner Überraschung stellte ich fest, daß ich bei öffentlichen Vorträgen gute Resonanz fand und in der Lage war, ein großes Publikum anzusprechen. Es macht mir Freude, wissenschaftliche Sachverhalte zu erklären und Fragen zu beantworten. Sicherlich muß ich noch viel lernen, um mich darin zu verbessern, aber ich hoffe, daß ich Fortschritte mache. Sie können sich selbst ein Urteil darüber bilden, ob mir das gelingt, indem Sie die folgenden Seiten lesen.

Ich gehöre nicht zu denen, die glauben, das Universum sei und bleibe ein Geheimnis, etwas, das man intuitiv erfassen, aber niemals ganz analysieren und verstehen kann. Meiner Meinung nach wird eine solche Sicht der wissenschaftlichen Revolution nicht gerecht, die vor fast vierhundert Jahren von Galilei ausgelöst und von Newton fortgeführt wurde. Diese beiden Männer zeigten, daß sich zumindest einige Teile des Universums nicht willkürlich verhalten, sondern von exakten mathematischen Gesetzen bestimmt werden. Seither haben wir die Erkenntnisse von Galilei und Newton fast auf jeden Bereich des Universums angewandt. Heute verfügen wir über mathematische Gesetze, die alles beschreiben, was unserer normalen Erfahrung zugänglich ist. Ein Maß für unseren Erfolg ist die Tatsache, daß wir Milliarden Dollar für den Bau riesiger Maschinen ausgeben müssen, um Teilchen zu so hoher Energie zu beschleunigen, daß wir nicht im voraus wissen, was bei ihrer Kollision geschehen wird. Diese hochenergetischen Teilchen treten in gewöhnlichen Situationen auf der Erde nicht auf, so daß es reichlich akademisch und überflüssig erscheinen mag, soviel Geld in ihre Untersuchung zu investieren. Doch es hat sie im frühen Universum gegeben, und deshalb müssen wir herausfinden, was bei solchen Energien geschieht, wenn wir verstehen wollen, wie wir und das Universum begonnen haben.

Das Weltall gibt uns immer noch viele Rätsel auf, aber die großen Fortschritte, die wir besonders in den letzten hundert Jahren erzielt haben, sollten uns in der Überzeugung bestärken, daß ein vollständiges Verständnis im Bereich unserer Möglichkeiten liegt. Vieles spricht dafür, daß wir nicht dazu verurteilt sind, auf ewig im dunklen zu tappen. Es ist möglich, daß uns eines Tages der Durchbruch zu einer vollständigen Theorie des Universums gelingt. Dann wären wir wirklich die «Masters of the Universe».

Die wissenschaftlichen Artikel in diesem Buch sind in der Überzeugung geschrieben worden, daß das Universum von einer Ordnung bestimmt wird, die wir heute nur teilweise erkennen, die wir aber in einer nicht allzu fernen Zukunft möglicherweise vollständig verstehen werden. Es mag sein, daß diese Hoffnung ein Luftschloß ist; vielleicht gibt es keine endgültige Theorie, und selbst wenn, so bleibt sie uns unter Umständen verschlossen. Aber es ist auf jeden Fall besser, nach umfassendem Verständnis zu streben, als am menschlichen Geist zu verzweifeln.

Stephen Hawking
31. März 1993

Kindheit *

Ich wurde am 8. Januar 1942 geboren, genau dreihundert Jahre nach Galileis Tod. Aber ich schätze, daß noch ungefähr zweihunderttausend andere Kinder an diesem Tag geboren worden sind. Ob sich eines von ihnen später für Astronomie interessierte, weiß ich nicht. Ich kam in Oxford zur Welt, obwohl meine Eltern in London wohnten. Der Grund: Oxford war während des Krieges ein guter Ort für eine Geburt. Die Deutschen hatten versprochen, Oxford und Cambridge mit ihren Bomben zu verschonen. Im Gegenzug hatten sich die Engländer bereit erklärt, Heidelberg und Göttingen nicht zu bombardieren. Es ist sehr schade, daß man derart zivilisierte Vereinbarungen nicht für mehr Städte hat treffen können.

Mein Vater stammte aus Yorkshire. Sein Großvater, mein Urgroßvater, war ein wohlhabender Landwirt. Doch er hatte zu viele Höfe gekauft und verlor sein ganzes Vermögen in einer

* Dieser und der folgende Aufsatz beruhen auf einem Vortrag, den ich im September 1987 bei einer Tagung der Internationalen Gesellschaft für Motoneuronen-Erkrankungen in Zürich hielt; diese ursprüngliche Fassung wurde mit Texten kombiniert, die ich im August 1991 schrieb.

landwirtschaftlichen Depression zu Beginn unseres Jahrhunderts. So blieben die Eltern meines Vaters mittellos zurück. Dennoch ermöglichten sie es ihm, in Oxford Medizin zu studieren. Er wandte sich der Tropenmedizin zu und ging 1935 nach Ostafrika. Bei Kriegsbeginn reiste er auf dem Landweg quer durch Afrika, gelangte per Schiff nach England und meldete sich freiwillig. Man teilte ihm jedoch mit, er werde dringender in der medizinischen Forschung gebraucht.

Meine Mutter stammte aus Glasgow und war das zweite von sieben Kindern eines praktischen Arztes. Als ich zwölf war, zog die Familie in das weiter südlich gelegene Devon. Wie die Familie meines Vaters war auch die meiner Mutter nicht sehr begütert. Aber auch sie ließ meine Mutter in Oxford studieren. Nach dem Studium arbeitete sie in verschiedenen Berufen, unter anderem als Finanzinspektorin, was ihr nicht gefiel. Sie gab diese Stellung auf und wurde Sekretärin. In dieser Funktion lernte sie meinen Vater Anfang des Krieges kennen.

Wir lebten in Highgate, im Norden Londons. Achtzehn Monate nach mir wurde meine Schwester Mary geboren. Es heißt, ich sei über diesen Zuwachs nicht sehr erfreut gewesen. Unsere ganze Kindheit hindurch lag eine gewisse Spannung zwischen uns, die durch den geringen Altersunterschied genährt wurde. Später, als wir erwachsen wurden und verschiedene Wege gingen, hat sich unser Verhältnis gebessert. Sehr zur Freude meines Vaters wurde sie Ärztin. Meine Schwester Philippa wurde geboren, als ich fast fünf war und begreifen konnte, was vor sich ging. Ich weiß noch, daß ich mich auf ihre Geburt freute, wegen der Aussicht, zu dritt spielen zu können. Sie war ein sehr aufgewecktes Kind. Ich habe immer viel auf ihr Urteil und ihre Meinung gegeben. Wesentlich später kam mein Bruder Edward zur Welt. Ich war damals vierzehn, so daß er kaum noch eine Rolle in meiner Kindheit gespielt hat. Er entwickelte sich ganz anders als wir anderen drei: Seine Interessen waren nicht im geringsten akademischer und intellektueller Natur. Wahrscheinlich war das gut für uns. Er war ein recht schwieriges Kind, aber man mußte ihn einfach gern haben.

In meiner frühesten Erinnerung stehe ich im Kindergarten Byron House in Highgate und schreie mir die Lunge aus dem Hals. Um mich herum spielten Kinder mit, wie mir schien, herrlichem Spielzeug. Ich wollte mitspielen, aber ich war erst zweieinhalb Jahre alt und zum erstenmal allein bei Menschen, die ich nicht kannte. Ich glaube, meine Eltern hat meine Reaktion ziemlich überrascht. Da ich ihr erstes Kind war, hatten sie gelehrte Bücher über frühkindliche Entwicklung gelesen, in denen stand, daß Kinder ihre ersten sozialen Kontakte mit zwei Jahren knüpfen. Dennoch nahmen sie mich nach jenem schrecklichen Morgen aus dem Tagesheim und schickten mich erst anderthalb Jahre später wieder hin.

Damals, während des Krieges und kurz danach, war Highgate ein Gebiet, in dem viele Wissenschaftler und Akademiker lebten. In einem anderen Land hätte man sie als Intellektuelle bezeichnet, aber die Engländer haben niemals zugegeben, daß es bei ihnen Intellektuelle gibt. Alle diese Eltern schickten ihre Kinder in die Byron House School, die für damalige Verhältnisse sehr fortschrittlich war. Ich weiß noch, daß ich mich bei meinen Eltern beklagte, man bringe mir dort nichts bei. Die Lehrer dieser Schule glaubten nicht an die damals üblichen Methoden, Kindern den Stoff einzutrichtern. Statt dessen sollten sie lesen lernen, ohne zu merken, daß es ihnen beigebracht wurde. Schließlich lernte ich doch lesen, aber erst, als ich bereits mein achtes Lebensjahr erreicht hatte. Meine Schwester Philippa lernte nach eher herkömmlichen Methoden lesen, mit dem Ergebnis, daß sie es mit vier Jahren konnte. Aber sie war damals sowieso eindeutig klüger als ich.

Wir wohnten in einem hohen, schmalen Haus aus Viktorianischer Zeit, das meine Eltern während des Krieges billig erworben hatten, als alle Welt glaubte, London würde unter dem Bombenhagel dem Erdboden gleichgemacht. Tatsächlich schlug nur wenige Häuser weiter eine V2-Rakete ein. Ich war zu diesem Zeitpunkt mit meiner Mutter und meiner Schwester unterwegs, aber mein Vater war zu Hause. Glücklicherweise wurde er nicht verletzt und das Haus nicht sonderlich beschädigt. Jahrelang klaffte ein großes Ruinengrundstück in unserer Straße, auf dem ich mit meinem Freund Howard spielte, der drei Häuser weiter wohnte. Howard war für mich eine Offenbarung, weil seine Eltern keine Intellektuellen waren wie die Eltern aller anderen Kinder, die ich kannte. Er besuchte die staatliche Grundschule, nicht Byron House, und kannte sich in Fußball und Boxen aus, Sportarten, für die sich meine Eltern nicht im Traum interessiert hätten.

Ich erinnere mich auch noch, wie ich meine erste Spielzeugeisenbahn bekam. Während des Krieges wurde kein Spielzeug hergestellt, zumindest nicht für den Binnenmarkt. Aber ich hatte eine Leidenschaft für Modelleisenbahnen entwickelt. Mein Vater versuchte, mir einen Holzzug zu basteln, aber damit war ich nicht zufrieden, denn ich wollte etwas, das sich in Bewegung setzte. Also kaufte mein Vater eine gebrauchte Eisenbahn zum Aufziehen, reparierte sie mit einem Lötkolben und schenkte sie mir zu Weihnachten, als ich fast drei war. Die Eisenbahn fuhr nicht besonders gut. Aber dann, unmittelbar nach dem Krieg, unternahm mein Vater eine Reise nach Amerika. Als er mit der «Queen Mary» zurückkehrte, brachte er meiner Mutter Nylonstrümpfe mit, die damals in England nicht zu bekommen waren. Für meine Schwester Mary hatte er eine Puppe, die die Augen schloß, wenn man sie hinlegte, und für mich einen amerikanischen Zug mit Cowcatcher und einem Gleis in Form einer Acht. Ich weiß noch, wie aufgeregt ich war, als ich die Schachtel öffnete.

Mit einer Eisenbahn zum Aufziehen ließ sich schon etwas anfangen, aber was ich mir wirklich wünschte, war eine elektrische. Stundenlang betrachtete ich die Auslage eines Modelleisenbahnklubs in Crouch End, in der Nähe von Highgate. Ich träumte von elektrischen Eisenbahnen. Eines Tages schließlich, als meine Eltern beide unterwegs waren, nutzte ich die Gelegenheit und hob von meinem Postbankkonto den bescheidenen Betrag ab, der sich dort – zusammengespart von Geldgeschenken zu besonderen Anlässen, etwa zur Taufe – angesammelt hatte. Davon kaufte ich mir eine elektrische Eisenbahn, die aber zu meiner großen Enttäuschung ständig stehenblieb. Heute wissen wir besser über unsere Rechte als Verbraucher Bescheid. Ich hätte die Eisenbahn zurückbringen und vom Geschäft oder vom Hersteller Ersatz verlangen müssen. Doch damals hielt man es für ein Privileg, etwas kaufen zu dürfen, und es war eben Schicksal, wenn es sich als mangelhaft erwies. Also ließ ich den Elektromotor der Lokomotive für teures Geld reparieren, und trotzdem hat er nie richtig funktioniert.

Als Jugendlicher baute ich dann Modellflugzeuge und -schiffe. Mit den Händen war ich nie sehr geschickt, aber ich tat mich mit meinem Schulkameraden John McClenahan zusammen, der ein guter Bastler war und dessen Vater sich im Haus eine Werkstatt eingerichtet hatte. Mein Ziel war es immer, Modelle zu bauen, die ich steuern konnte. Mir war es egal, wie sie aussahen. Ich glaube, der gleiche Wunsch trieb mich, eine Reihe sehr komplizierter Spiele mit einem anderen Schulkameraden, Roger Ferneyhough, zu erfinden. Da gab es ein Produktionsspiel mit Fabriken, die verschiedenfarbige Produkte herstellten, Straßen und Schienenstränge, auf denen sie befördert wurden, und einen Aktienmarkt. Es gab ein Kriegsspiel, das auf einem Brett mit viertausend Quadraten gespielt wurde, und sogar ein Ritterspiel, bei dem jeder Spieler eine ganze Dynastie mit eigenem Stammbaum repräsentierte. Ich glaube, diese Spiele entsprangen, genau wie die Eisenbahnen, Schiffe und Flugzeuge, meinem

Drang herauszufinden, wie die Dinge funktionieren, und sie zu beherrschen. Seit ich mit meiner Promotion begann, konnte ich dieses Bedürfnis in der kosmologischen Forschung stillen. Wenn man weiß, wie das Universum funktioniert, beherrscht man es in gewisser Weise.

1950 wurde der Arbeitsplatz meines Vaters von Hampstead in der Nähe von Highgate in das neuerbaute National Institute for Medical Research in Mill Hill am Nordrand Londons verlegt. Statt von Highgate dorthin zu fahren, erschien es vernünftiger, aus London hinauszuziehen. Deshalb kauften meine Eltern ein Haus in St. Albans, einem Bischofssitz mit alter Kathedrale, ungefähr fünfzehn Kilometer nördlich von Mill Hill und dreißig Kilometer von London entfernt. Es war ein großes viktorianisches Haus mit einer gewissen Eleganz und ganz eigenem Charakter. Meine Eltern waren nicht sehr wohlhabend, als sie es kauften, und es mußte viel renoviert werden, bevor wir einziehen konnten. Danach weigerte sich mein Vater, ein sparsamer Yorkshireman, Geld für weitere Reparaturarbeiten am Haus auszugeben. Er tat sein Bestes, um es instand zu halten und zu streichen, aber es war groß und er nicht sehr geschickt in solchen Dingen. Doch das Haus war so solide gebaut, daß ihm die Vernachlässigung kaum schadete. 1985, als mein Vater schwer erkrankte (er starb 1986), verkauften es meine Eltern. Vor kurzem habe ich es wiedergesehen. Es sah nicht so aus, als seien in der Zwischenzeit viele Renovierungsarbeiten vorgenommen worden, aber es hatte sich kaum verändert.

Das Gebäude war ursprünglich für einen Haushalt mit Dienstboten bestimmt; deshalb gab es in der Anrichte eine Tafel, die anzeigte, in welchem Zimmer geläutet worden war. Natürlich hatten wir keine Dienstboten, aber mein erstes Zimmer war ein kleiner L-förmiger Raum, der einmal ein Mädchenzimmer gewesen sein muß. Ich hatte ihn mir auf Vorschlag meiner Cousine Sarah reserviert, die etwas älter war als ich und die ich sehr bewunderte. Sie meinte, dort könnten wir viel Spaß haben. Ein besonderer Vorzug des Zimmers war, daß man aus dem Fenster aufs Dach des Fahrradschuppens und von dort auf den Boden klettern konnte.

Sarah war die Tochter von Janet, der älteren Schwester meiner Mutter, einer Ärztin, die einen Psychoanalytiker geheiratet hatte. Sie lebten in einem ziemlich ähnlichen Haus in Harpenden, einem acht Kilometer nördlich von St. Albans gelegenen Dorf. Daß sie dort wohnten, war einer der Gründe, die uns bewogen hatten, nach St. Albans zu ziehen. Ich freute mich sehr, nun in der Nähe von Sarah zu sein, und bin häufig mit dem Bus nach Harpenden gefahren. In der Nähe von St. Albans befinden sich die Überreste der altrömischen Stadt Verulamium, der nach London wichtigsten römischen Siedlung in England. Im Mittelalter hatte St. Albans das reichste Kloster Englands. Es wurde um den Schrein des heiligen Alban erbaut, eines römischen Zenturios, der als erster Mensch in England wegen seines christlichen Glaubens hingerichtet worden war. Von dem Kloster sind nur die große, ziemlich häßliche Klosterkirche und das alte Klostertorgebäude erhalten. Dieses gehört heute zur St. Albans School, die ich später besuchte.

Im Vergleich zu Highgate oder Harpenden war St. Albans ein langweiliger, konservativer Ort. Freunde fanden meine Eltern dort kaum. Zum Teil war das ihre eigene Schuld, denn sie waren von Natur aus Eigenbrötler, vor allem mein Vater, aber es lag auch daran, daß wir von einer anderen Art Leuten umgeben waren. Von den Eltern meiner Schulkameraden in St. Albans war wohl schwerlich jemand als Intellektueller zu bezeichnen.

Während unsere Familie in Highgate als recht gewöhnlich angesehen worden war, galten wir in St. Albans als exzentrisch. Verstärkt wurde dieser Eindruck durch meinen Vater, dem es vollkommen gleichgültig war, wie sein Verhalten auf andere wirkte, solange es ihm nur half, Geld zu sparen. Seine Familie war in seiner Jugend sehr arm gewesen, und das hatte ihn geprägt. Er konnte sich nicht dazu durchringen, Geld für die eigene Bequemlichkeit auszugeben, selbst als er es sich später hätte leisten können. Obwohl er schrecklich fror, weigerte er sich, eine Zentralheizung einbauen zu lassen. Statt dessen zog er sich mehrere Pullover und einen Morgenrock über seine normale Kleidung. Anderen Menschen gegenüber war er jedoch sehr großzügig.

In den fünfziger Jahren glaubte er, wir könnten uns kein neues Auto leisten; deshalb kaufte er sich ein Londoner Vorkriegstaxi und baute mit meiner Hilfe eine Wellblechbaracke, die er als Garage benutzte. Die Nachbarn waren schockiert, konnten aber nichts dagegen tun. Wie die meisten Jugendlichen hatte ich ein großes Konformitätsbedürfnis und fand das Verhalten meiner Eltern peinlich. Das hat sie aber nie gestört.

Als wir nach St. Albans zogen, wurde ich zunächst auf die High School for Girls geschickt, die ungeachtet ihres Namens Jungen im Alter bis zu zehn Jahren aufnahm. Doch nach einem halben Jahr begab sich mein Vater auf eine seiner fast jährlichen Afrikareisen, diesmal für einen längeren Zeitraum von vier Monaten. Um der Einsamkeit zu entgehen, nahm meine Mutter meine beiden Schwestern und mich und besuchte ihre Schulfreundin Beryl, die mit dem Dichter Robert Graves verheiratet war. Sie lebten in dem Dorf Deya auf der spanischen Insel Mallorca. Das war 1950, und der spanische Diktator Francisco Franco, im Krieg Verbündeter von Hitler und Mussolini, war noch immer an der Macht. (Das blieb er auch noch weitere zwanzig Jahre.) Trotzdem reiste meine Mutter, die vor dem Krieg der Young Communist League angehört hatte, mit ihren drei Kindern per Schiff und Bahn nach Mallorca. Wir mieteten uns ein Haus in Deya und verlebten eine wunderbare Zeit. Ich wurde zusammen mit Graves' Sohn William von dessen Hauslehrer unterrichtet. Dieser war ein Schützling des Schriftstellers und mehr daran interessiert, ein Stück für die Edinburgh-Festspiele zu schreiben als uns zu unterrichten. Deshalb ließ er uns jeden Tag ein Kapitel aus der Bibel lesen und darüber einen Aufsatz schreiben. Damit wollte er uns die Schönheit der englischen Sprache vor Augen führen. Wir brachten die gesamte Schöpfungsgeschichte und einen Teil des Auszugs aus Ägypten hinter uns, bevor wir wieder abreisten. Zu den wichtigsten Dingen, die ich dort gelernt habe, gehörte, daß man einen Satz nicht mit «Und» beginnen soll. Ich wies darauf hin, daß die meisten Sätze in der Bibel mit «Und» begännen, und erfuhr, daß sich die englische Sprache seit den Zeiten von King James gewandelt habe. Warum man uns dann in der Bibel lesen lasse, wollte ich wissen. Aber das half uns nichts. Robert Graves schwärmte damals für die Symbolik und den Mystizismus der Bibel.

Als wir von Mallorca zurückkehrten, besuchte ich ein Jahr lang eine andere Schule und nahm dann an der sogenannten *eleven-plus examination* teil, einem staatlichen Intelligenztest, dem sich alle Kinder unterziehen mußten, die weiterführende Schulen besuchen wollten. Er ist später abgeschafft worden, vor allem weil zahlreiche Mittelschichtkinder durchfielen und dann keine Chance mehr hatten, einen Schulabschluß zu machen, der zum Studium berechtigte. Ich war in Tests und Prüfungen meist besser als in meinen Schulleistungen, deshalb bestand ich die *Eleven-plus* und bekam einen Platz an der St. Albans School.

Als ich dreizehn war, drängte mein Vater darauf, daß ich mich an der Westminster School bewarb, einer der angesehensten «Public Schools», also Privatschulen, Englands. Damals war das Schulsystem noch von einem rigiden Klassendenken geprägt. Mein Vater fühlte sich durch den Umstand, daß er keine der Oberschichtschulen hatte besuchen können und es ihm dadurch immer an Selbstsicherheit und Beziehungen gemangelt hatte, in seinem beruflichen Fortkommen behindert. Diese Erfahrung wollte er mir ersparen.

Meine Eltern waren nicht sehr wohlhabend, deshalb brauchte

ich ein Stipendium. Doch zur Zeit der Stipendienprüfungen war ich krank, so daß ich nicht an die Westminster School kam. Statt dessen blieb ich an der St. Albans School, wo ich eine ebenso gute, wenn nicht sogar bessere Ausbildung erhielt, als sie mir die Westminster School hätte bieten können. Meines Wissens ist mir mein Mangel an gesellschaftlichem Ansehen nie zum Nachteil ausgelegt worden.

Das englische Schulsystem war damals streng hierarchisch gegliedert. Man unterschied nicht nur zwischen höheren und einfachen Schulen, sondern richtete an den höheren Schulen auch noch A-, B- und C-Kurse ein. Das war kein Problem für die Kinder im A-Kurs, wohl aber für die im B-Kurs und ganz besonders im C-Kurs, die man dadurch entmutigte. Auf Grund der *Eleven-plus*-Ergebnisse kam ich in den A-Kurs. Doch nach dem ersten Jahr wurden alle, die nicht zu den ersten zwanzig gehörten, dem B-Kurs zugeteilt. Das war ein schwerer Schlag für das Selbstbewußtsein der Betroffenen, von dem sich manche nie erholten. In den ersten beiden Trimestern an der St. Albans School wurde ich Vierundzwanzigster und Dreiundzwanzigster; im letzten Drittel des Jahres schaffte ich den achtzehnten Platz, so daß ich gerade noch einmal davonkam.

Ich bin nie über einen mittleren Platz in der Klasse hinausgekommen. (Es war eine sehr intelligente Klasse.) Meine Arbeiten machte ich sehr unordentlich, und mit meiner Handschrift brachte ich die Lehrer zur Verzweiflung. Doch meine Klassenkameraden gaben mir den Spitznamen «Einstein», also sahen sie offenbar irgendwo Anlaß zur Hoffnung. Als ich zwölf war, wettete einer meiner Freunde mit einem anderen, daß aus mir nie etwas werden würde. Ich weiß nicht, ob die Wette je entschieden wurde, und wenn, wer sie gewonnen hat.

Ich hatte sechs oder sieben gute Freunde, und mit den meisten von ihnen stehe ich noch heute in Verbindung. Wir führten lange Diskussionen und Streitgespräche über Gott und die Welt

– von Radar bis Religion, von Parapsychologie bis Physik. Unter anderem unterhielten wir uns auch darüber, wie das Universum entstanden sein könnte und ob Gott zu seiner Erschaffung notwendig gewesen sei. Mir war zu Ohren gekommen, daß das Licht ferner Galaxien zum roten Ende des Spektrums hin verschoben wird und daß dies auf eine Expansion des Universums schließen lasse. (Eine Blauverschiebung würde bedeuten, daß es sich zusammenzieht.) Aber ich war mir sicher, es müsse irgendeinen anderen Grund für die Rotverschiebung geben. Vielleicht ermüdete das Licht auf dem Weg zu uns und wurde dadurch röter. Ein im wesentlichen statisches Weltall von ewiger Dauer erschien mir viel natürlicher. Erst nach zwei Jahren Promotionsforschung. sah ich ein, daß ich unrecht gehabt hatte.

In den letzten beiden Schuljahren wollte ich mich auf Mathematik und Physik spezialisieren. Wir hatten einen sehr interessanten Mathematiklehrer, Mr. Tahta, und in der Schule war gerade ein spezieller Raum eingerichtet worden, der dem Mathematikkurs als Klassenzimmer dienen sollte. Aber mein Vater war entschieden dagegen. Nach seiner Ansicht gab es, vom Lehrberuf abgesehen, keine beruflichen Aussichten für Mathematiker. Er wollte, daß ich Medizin studiere, aber ich zeigte nicht das geringste Interesse an der Biologie, die mir zu deskriptiv und nicht fundamental genug erschien. Außerdem stand sie an der Schule nur in geringem Ansehen. Die intelligentesten Jungen wählten Mathematik und Physik, die weniger intelligenten Biologie. Da mein Vater wußte, daß ich nicht zur Biologie zu bewegen war, brachte er mich dazu, mich für Chemie zu entscheiden, mit Mathematik im Nebenfach. Heute bin ich Mathematikprofessor, habe aber, seit ich die St. Albans School mit siebzehn Jahren verließ, praktisch keine systematische mathematische Ausbildung mehr genossen. Alles, was ich heute an mathematischen Kenntnissen besitze, mußte ich mir selbst zusammensuchen. In Cambridge hatte ich Studenten im Grundstudium zu betreuen und war ihnen im Kurs immer nur um eine Woche voraus.

Das Forschungsgebiet meines Vaters waren Tropenkrankheiten, und oft durfte ich ihn in sein Labor in Mill Hill begleiten. Das hat mir viel Spaß gemacht, vor allem wenn ich durch die Mikroskope blicken durfte. Häufig ging ich mit ihm ins Insektenhaus, wo er Moskitos hielt, die mit Tropenkrankheiten infiziert waren. Das beunruhigte mich, weil immer einige Moskitos frei herumflogen. Er hat viel gearbeitet und ging in seiner Forschung auf. Allerdings war er immer ein wenig verbittert, denn er meinte, Leute, die ihm nicht das Wasser reichen könnten, seien ihm bei Beförderungen vorgezogen worden, weil sie die richtige Herkunft und die richtigen Verbindungen gehabt hatten. Vor solchen Leuten warnte er mich häufig, aber ich glaube, die Physik unterscheidet sich da ein bißchen von der Medizin. Es spielt keine Rolle, welche Schule man besucht hat oder wen man kennt – entscheidend ist, was man macht.

Ich habe mich immer sehr dafür interessiert, wie Dinge funktionieren, und baute sie auseinander, um es herauszufinden, aber nur selten ist es mir gelungen, sie wieder richtig zusammenzusetzen. Meine praktischen Fähigkeiten haben nie mit meinem theoretischen Wissensdrang Schritt halten können. Mein Vater hat mein Interesse an der Wissenschaft gefördert und mir sogar in Mathematik geholfen, bis ich ihn überholt hatte. Angesichts dieser Voraussetzungen und des Berufs meines Vaters war es für mich selbstverständlich, in die wissenschaftliche Forschung zu gehen. In jungen Jahren machte ich keinen Unterschied zwischen den Wissenschaften. Doch seit ich dreizehn oder vierzehn war, wußte ich, daß ich mich der Physik zuwenden wollte, weil sie die fundamentalste Wissenschaft ist. Daran hat mich auch nicht der Umstand gehindert, daß Physik in der Schule das langweiligste Fach war, weil dort alles so leicht und offenkundig ablief. Chemie machte sehr viel mehr Spaß, weil ständig unerwartete Dinge passierten, zum Beispiel Explosionen. Doch von der Physik und der Astronomie erhoffte ich mir die Antworten auf die Frage, woher wir kommen und wohin wir gehen. Ich wollte die fernen Tiefen des Weltalls ergründen. Vielleicht habe ich das bis zu einem gewissen Grad erreicht, aber es bleibt noch vieles, was ich gern herausfinden würde.

Oxford und Cambridge

Mein Vater bestand darauf, daß ich in Oxford oder Cambridge studieren sollte. Er selbst war am University College in Oxford gewesen, deshalb meinte er, ich müsse mich dort bewerben, weil meine Chancen dann besser stünden, angenommen zu werden. Damals gab es am University College keinen Mathematikdozenten, ein weiterer Grund, warum er mich zum Chemiestudium drängte: Ich konnte mich um ein Stipendium in Naturwissenschaften bewerben, nicht aber in Mathematik.

Die Familie fuhr zu einem einjährigen Aufenthalt nach Indien, während ich zu Hause bleiben, mein Abitur machen und mich um einen Studienplatz bewerben mußte. Der Direktor meiner Schule meinte, ich sei viel zu jung für Oxford; trotzdem nahm ich im März 1959 mit zwei Schülern aus dem Jahrgang über mir an der Prüfung für das Stipendium teil. Ich war überzeugt, schlecht abgeschnitten zu haben, und sehr niedergeschlagen, als während der praktischen Prüfung Dozenten durch die Reihen gingen und mit anderen sprachen, aber nicht mit mir. Ein paar Tage nachdem ich aus Oxford zurückgekehrt war, erhielt ich ein Telegramm, in dem stand, mir sei ein Stipendium gewährt.

Damals war ich siebzehn, und die meisten Studenten in meinem Jahrgang hatten ihren Militärdienst absolviert und waren viel älter. Während des ersten und eines Teils des zweiten Jahres war ich ziemlich einsam. Erst im dritten Jahr habe ich mich dort richtig wohl gefühlt. Damals gehörte es in Oxford nicht zum guten Ton, fleißig zu sein. Entweder war man ohne irgendwelche Mühe brillant, oder man fand sich mit seinen Grenzen ab und nahm einen drittklassigen Abschluß in Kauf. Wer fleißig arbeitete, um ein besseres Examen zu machen, galt als «gray man», die schlimmste Bezeichnung, die es damals im Oxforder Wortschatz gab.

Zu jener Zeit war das Physikstudium in Oxford so organisiert, daß man der Arbeit sehr leicht aus dem Weg gehen konnte. Ich machte ein Examen, bevor ich aufgenommen wurde, und hatte dann drei Jahre Zeit, bevor ich mich dem Abschlußexamen stellen mußte. Ich habe einmal ausgerechnet, daß ich in den drei Jahren in Oxford ungefähr tausend Stunden gearbeitet habe, was einem Durchschnitt von einer Stunde pro Tag entspricht. Ich bin nicht stolz darauf, ich versuche nur zu beschreiben, wie ich die Sache damals sah, eine Einstellung, die ich mit den meisten Studenten teilte: Wir langweilten uns zu Tode und hatten das Gefühl, nichts sei einer Anstrengung wert. Ein Ergebnis meiner Krankheit war, daß sich all das änderte: Wenn einem ein früher Tod droht, begreift man, welchen Wert das Leben hat und daß es noch viele Dinge gibt, die man tun möchte.

Da ich nicht sehr fleißig gewesen war, wollte ich mich im Abschlußexamen an die Aufgaben in theoretischer Physik halten und alle Fragen vermeiden, die Faktenwissen voraussetzten. Ich schnitt nicht besonders gut ab – zwischen Eins und Zwei. Also wurde ich noch einmal zu einem Gespräch gebeten, in dem endgültig über die Examensnote entschieden werden sollte. Sie fragten mich nach meinen Zukunftsplänen. Ich sagte, ich wolle in die Forschung gehen. Wenn sie mir eine Eins gäben, würde ich nach

Cambridge gehen, wenn ich eine Zwei erhielte, würde ich in Oxford bleiben. Sie gaben mir eine Eins.

Nach meiner Ansicht kamen für meine Promotion nur zwei Forschungsbereiche der theoretischen Physik in Frage, die fundamental genug waren. Der eine war die Kosmologie, die Erforschung des sehr Großen, der andere die Teilchenphysik, die Erforschung des sehr Kleinen. Allerdings erschien mir die Teilchenphysik weniger interessant, weil sie damals, obwohl viele neue Teilchen entdeckt wurden, über keine angemessene Theorie verfügte, die sie beschrieb. Bestenfalls konnte man die Teilchen, wie in der Botanik, in Familien einordnen. In der Kosmologie dagegen gab es eine eindeutig definierte Theorie, Einsteins allgemeine Relativitätstheorie.

In Oxford arbeitete damals niemand auf dem Gebiet der Kosmologie. In Cambridge dagegen gab es Fred Hoyle, den bedeutendsten englischen Astronomen jener Zeit. Deshalb bewarb ich mich für einen Promotionskurs bei Hoyle. Meine Bewerbung für ein Forschungsstipendium in Cambridge wurde angenommen, doch zu meinem Kummer war mein Doktorvater nicht Hoyle, sondern ein Mann namens Dennis Sciama, von dem ich noch nie gehört hatte. Am Ende erwies sich dieser Umstand jedoch als sehr günstig. Hoyle war viel im Ausland, und ich hätte ihn wahrscheinlich nicht sehr häufig zu Gesicht bekommen. Sciama dagegen war für uns da, und er war stets anregend, auch wenn ich oft nicht mit seinen Auffassungen übereinstimmte.

Da ich mich in der Schule und in Oxford nicht viel mit Mathematik befaßt hatte, fand ich die allgemeine Relativitätstheorie zunächst sehr schwierig und machte keine großen Fortschritte. Außerdem hatte ich während meines letzten Jahrs in Oxford bemerkt, daß ich in meinen Bewegungen recht unbeholfen wurde. Bald nachdem ich nach Cambridge gegangen war, diagnostizierte man bei mir ALS, amyotrophe Lateralsklerose. Weder wußten mir die Ärzte zu helfen, noch konnten sie mir versichern, daß sich mein Zustand nicht verschlechtern würde.

Zunächst schien die Krankheit rasch voranzuschreiten. Ich sah wenig Sinn darin, meine Forschungen fortzuführen, weil ich nicht damit rechnete, lange genug zu leben, um meine Promotion abzuschließen. Doch dann schien sich der Krankheitsverlauf zu verlangsamen. Ich begann die allgemeine Relativitätstheorie zu verstehen und kam mit meiner Arbeit voran. Entscheidend war jedoch, daß ich mich mit einer Frau namens Jane Wilde verlobte, die ich etwa zur Zeit der Diagnose kennengelernt hatte. Das gab mir einen Grund zu leben.

Wenn wir heiraten wollten, mußte ich eine Stellung finden, und um eine Stellung zu finden, mußte ich meine Promotion beenden. Deshalb begann ich zum erstenmal in meinem Leben richtig zu arbeiten. Zu meiner Überraschung stellte ich fest, daß es mir gefiel. Vielleicht ist es nicht ganz ehrlich, es Arbeit zu nennen. Jemand hat einmal gesagt: Wissenschaftler und Prostituierte werden dafür bezahlt, daß sie etwas tun, was ihnen Spaß macht.

Ich bewarb mich um ein Forschungsstipendium am Gonville and Caius (Kies ausgesprochen) College in Cambridge. Damals hoffte ich, Jane würde meine Bewerbung tippen, aber als sie nach Cambridge kam, um mich zu besuchen, trug sie ihren Arm in Gips: Er war gebrochen. Ich gestehe, ich bin ihr gegenüber weniger mitfühlend gewesen, als ich es hätte sein sollen. Immerhin war es der linke Arm, so konnte sie die Bewerbung nach meinem Diktat mit der Hand schreiben, und ich fand jemanden, der sie tippte.

In meiner Bewerbung mußte ich die Namen zweier Personen angeben, die meine Arbeit empfehlen würden. Mein Doktorvater schlug mir vor, Hermann Bondi darum zu bitten. Bondi war damals Mathematikprofessor am King's College in London und ein Experte auf dem Gebiet der allgemeinen Relativitätstheorie.

Ich war ihm ein paarmal begegnet, und er hatte eine Arbeit von mir zur Veröffentlichung in der Zeitschrift *Proceedings of the Royal Society* eingereicht. Nach einem Vortrag, den er in Cambridge hielt, bat ich ihn um diesen Gefallen. Er sah mich etwas geistesabwesend an und erklärte sich einverstanden. Offenbar erinnerte er sich aber nicht an mich, denn als ihn das College anschrieb und ihn um die Referenzen bat, erwiderte er, er habe noch nie von mir gehört. Heute, da sich so viele um Forschungsstipendien bemühen, könnte ein Kandidat alle Hoffnungen begraben, wenn einer der von ihm genannten Gewährsleute erklären würde, der Bewerber sei ihm unbekannt. Doch damals waren die Zeiten noch etwas ruhiger. Das College informierte mich in einem Schreiben über die peinliche Situation, und mein Doktorvater frischte Bondis Gedächtnis auf. Daraufhin schrieb Bondi mir eine Empfehlung, die wahrscheinlich viel besser ausfiel, als ich es verdiente. Zu meiner großen Überraschung bekam ich das Stipendium und gehöre seither dem Caius College an.

Das Stipendium bedeutete, daß Jane und ich heiraten konnten, was wir im Juli 1965 taten. Die Hochzeitsreise war ein einwöchiger Aufenthalt in Suffolk – mehr konnten wir uns nicht leisten. Dann begaben wir uns zu einem Sommerkurs in allgemeiner Relativitätstheorie an die Cornell University im Norden des Staates New York. Das war ein Fehler. Wir lebten in einem Wohnheim, das voller Paare mit lauten Kleinkindern war – eine echte Belastungsprobe für unsere junge Ehe. Trotzdem war der Kurs in anderer Hinsicht sehr wertvoll für mich, denn ich lernte viele der wichtigen Leute kennen, die auf diesem Gebiet arbeiten.

Bis 1970 arbeitete ich auf dem Gebiet der Kosmologie, der Erforschung des Universums im großräumigen Maßstab. Meine wichtigsten Forschungen dieser Zeit galten Singularitäten. Die Beobachtung ferner Galaxien zeigt, daß sie sich von uns entfernen: Das Universum expandiert. Daraus folgt, daß die Galaxien in der Vergangenheit näher zusammengewesen sein müssen. Das führt zu der Frage: Gab es einen Zeitpunkt, an dem alle Galaxien aufeinandersaßen und das Universum von unendlicher Dichte war? Oder gab es vorher eine Kontraktionsphase, in der die Galaxien nicht zusammenprallten? Vielleicht sind sie aneinander vorbeigeflogen und haben sich danach wieder voneinander entfernt. Um diese Frage zu beantworten, waren neue mathematische Verfahren erforderlich. Diese sind zwischen 1965 und 1970 vor allem von Roger Penrose und mir entwickelt worden. Penrose, der heute in Oxford arbeitet, war damals am Birkbeck College in London. Mit Hilfe dieser Verfahren zeigten wir, daß es, wenn die allgemeine Relativitätstheorie richtig ist, in der Vergangenheit einen Zustand von unendlicher Dichte gegeben haben muß.

Diesen Zustand unendlicher Dichte nennen wir Urknallsingularität. Sie würde implizieren, daß die Wissenschaft keine Aussage darüber machen kann, wie das Universum begonnen hat, wenn die allgemeine Relativitätstheorie stimmt. Nun geht aber aus meinen jüngeren Arbeiten hervor, daß sich doch bestimmen läßt, wie das Universum begonnen hat, wenn man die Theorie der Quantenphysik, die Theorie des sehr Kleinen, berücksichtigt.

Ferner sagt die allgemeine Relativitätstheorie vorher, daß massereiche Sterne in sich zusammenstürzen, wenn sie ihren Kernbrennstoff erschöpft haben. Penrose und ich haben gezeigt, daß sie ihren Kollaps fortsetzen würden, bis sie die Form einer Singularität von unendlicher Dichte angenommen hätten. Zumindest für den Stern und alles, was sich auf ihm befindet, wäre diese Singularität ein Ende der Zeit. Das Gravitationsfeld der Singularität wäre so stark, daß das Licht nicht aus der Region in ihrer Umgebung entweichen könnte, sondern in das Gravitationsfeld zurückgezogen würde. Die Region, aus der kein Entkommen möglich ist, bezeichnen wir als Schwarzes Loch, seine

Grenze als Ereignishorizont. Alles, was durch den Ereignishorizont in das Schwarze Loch fiele, geriete in der Singularität an ein Ende der Zeit.

Eines Abends im Jahr 1970, kurz nach der Geburt meiner Tochter Lucy, dachte ich beim Zubettgehen über Schwarze Löcher nach. Plötzlich erkannte ich, daß sich viele der Verfahren, die Penrose und ich entwickelt hatten, um Singularitäten nachzuweisen, auf Schwarze Löcher anwenden lassen. Vor allem, überlegte ich, kann die Fläche des Ereignishorizonts, die Grenze des Schwarzen Loches nicht mit der Zeit abnehmen. Und wenn zwei Schwarze Löcher kollidieren und sich zu einem einzigen Loch vereinigen, müßte die Horizontfläche des resultierenden Loches größer sein als die Summe der Horizontflächen der ursprünglichen Schwarzen Löcher. Das schränkt, wie ich erkannte, die Energiemenge erheblich ein, die bei der Kollision emittiert werden kann. Ich war so aufgeregt, daß ich in dieser Nacht nicht viel Schlaf fand.

Von 1970 bis 1974 arbeitete ich hauptsächlich über Schwarze Löcher. Doch 1974 machte ich meine vielleicht überraschendste Entdeckung: Schwarze Löcher sind nicht vollständig schwarz! Wenn man das Verhalten von Materie in sehr kleinen Größenordnungen berücksichtigt, können Teilchen und Strahlung aus einem Schwarzen Loch sickern. Das Schwarze Loch emittiert Strahlung, als wäre es ein warmer Körper.

Seit 1974 arbeite ich daran, die allgemeine Relativitätstheorie und die Quantenmechanik zu einer schlüssigen Theorie zusammenzufassen. Ein Ergebnis dieser Bemühungen ist die These, die ich 1983 zusammen mit Jim Hartle von der University of California in Santa Barbara vorgeschlagen habe: Zeit und Raum sind endlich in ihrer Ausdehnung, haben aber keine Grenze und keinen Rand. Sie wären damit wie die Oberfläche der Erde, nur daß sie zwei weitere Dimensionen hätten. Die Oberfläche der Erde ist endlich, weist aber keine Grenze auf. Bei keiner meiner vielen

Reisen ist es mir bisher gelungen, über den Rand der Erde zu fallen. Wenn diese Keine-Grenzen-Hypothese richtig ist, gäbe es keine Singularitäten, und die Naturgesetze behielten überall ihre Gültigkeit, auch im Anfang des Universums. Die Art, wie das Universum entstanden ist, wäre den Gesetzen der Wissenschaft unterworfen. Mein Vorhaben herauszufinden, *wie* das Universum begonnen hat, wäre damit in die Tat umgesetzt. Ich weiß aber noch immer nicht, *warum* es begonnen hat.

Meine Erfahrung mit ALS *

Oft werde ich gefragt: Was bedeutet es für Sie, ALS zu haben? Die Antwort lautet: Nicht sehr viel. Ich versuche, so normal wie möglich zu leben, nicht über meine Krankheit nachzudenken oder den Dingen nachzutrauern, die ich ihretwegen nicht tun kann – es sind im übrigen gar nicht so viele.

Als ich entdeckte, daß ich unter amyotropher Lateralsklerose leide, war es ein großer Schock für mich. Schon in meiner Kindheit ist meine körperliche Koordination nicht sehr entwickelt gewesen. Ich war nicht gut in Ballspielen, und wohl deshalb habe ich nie viel von Sport oder körperlicher Betätigung gehalten. Doch das schien sich zu ändern, als ich nach Oxford ging. Dort wurde ich Steuermann beim Rudern. Ich gehörte zwar nicht zur «Boat-Race»-Klasse, nahm aber doch an den Regatten zwischen den Colleges teil.

In meinem dritten Oxforder Jahr bemerkte ich jedoch, daß ich offenbar unbeholfener wurde. Ein-, zweimal stürzte ich ohne

* Vortrag bei einer Konferenz der British Motor Neurone Disease Association in Birmingham, Oktober 1987.

erkennbaren Grund. Meiner Mutter fiel dieses erst im folgenden Jahr auf, als ich bereits in Cambridge war, woraufhin sie mit mir unseren Hausarzt aufsuchte. Der überwies mich an einen Facharzt, und kurz nach meinem einundzwanzigsten Geburtstag ging ich ins Krankenhaus, um mich untersuchen zu lassen. Dort wurde ich zwei Wochen lang einer Reihe verschiedener Tests unterzogen. Sie entnahmen meinem Arm eine Muskelprobe, pflanzten mir Elektroden ein, injizierten ein Kontrastmittel in meine Wirbelsäule und beobachteten seine Bewegungen auf dem Röntgenschirm, während sie das Bett kippten. Danach teilte man mir aber nicht mit, was ich hatte, nur daß es keine multiple Sklerose und ich ein atypischer Fall sei. Ich begriff jedoch, daß die Ärzte mit einer Verschlechterung meines Zustands rechneten und nichts tun konnten, außer mir Vitamine zu geben, wovon sie sich aber offenbar keine große Wirkung versprachen. Allerdings war ich auch nicht in der Stimmung, nach Einzelheiten zu fragen, weil sie mit Sicherheit nicht erfreulich gewesen wären.

Die Erkenntnis, daß ich an einer unheilbaren Krankheit litt, an der ich wahrscheinlich in ein paar Jahren sterben würde, war ein ziemlicher Schock. Wie konnte mir so etwas passieren? Warum sollte meinem Leben ein so plötzliches Ende gesetzt werden? Doch während meines Krankenhausaufenthaltes wurde ich Zeuge, wie ein Junge, den ich flüchtig kannte, im gegenüberstehenden Bett an Leukämie starb. Es war kein schöner Anblick. Ich fühlte mich zumindest nicht krank. Seither denke ich immer an diesen Jungen, wenn ich versucht bin, mich zu bemitleiden.

Da mir nicht bekannt war, was mit mir geschehen oder wie rasch die Krankheit fortschreiten würde, wußte ich nicht recht weiter. Die Ärzte rieten mir, nach Cambridge zurückzukehren und mit der gerade begonnenen Arbeit über allgemeine Relativitätstheorie und Kosmologie fortzufahren. Doch ich kam nicht gut voran, weil meine mathematischen Kenntnisse recht begrenzt waren. Und überhaupt – wer konnte wissen, ob ich lange genug leben würde, um meine Promotion abzuschließen? Ich fühlte mich als tragische Gestalt. Damals hörte ich viel Wagner, aber die Zeitschriftenberichte, denen zufolge ich unmäßig getrunken habe, sind übertrieben. Das Problem ist, daß solche Behauptungen, sind sie erst einmal veröffentlicht, in anderen Artikeln ständig wiederholt werden, weil sie eine gute Story liefern. Und was so oft gedruckt zu lesen ist, muß einfach wahr sein.

Meine Träume waren damals ziemlich wirr. Bevor meine Krankheit erkannt worden war, hatte mich mein Leben gelangweilt. Nichts schien mir irgendeiner Mühe wert zu sein. Doch kurz nachdem ich aus dem Krankenhaus gekommen war, träumte ich, ich solle hingerichtet werden. Plötzlich begriff ich, daß es eine Reihe wertvoller Dinge gab, die ich tun könnte, wenn mir ein Aufschub gewährt würde. In einem anderen Traum, der sich mehrfach wiederholte, opferte ich mein Leben, um andere zu retten. Wenn ich schon sterben mußte, konnte ich wenigstens noch etwas Gutes tun.

Aber ich bin nicht gestorben. Trotz des dunklen Schattens, der über meiner Zukunft lag, stellte ich zu meiner Überraschung fest, daß ich das Leben jetzt mehr genoß als früher. Ich kam mit meiner Arbeit gut voran, verlobte mich und heiratete und erhielt ein Forschungsstipendium am Caius College in Cambridge.

Das Stipendium bot zunächst eine Lösung für mein berufliches Problem. Glücklicherweise hatte ich mich schon früh für die theoretische Physik entschieden, ein Gebiet, auf dem mich meine Krankheit nicht ernstlich beeinträchtigte. Und ich hatte das Glück, daß nicht nur meine körperliche Behinderung schlimmer wurde, sondern auch mein wissenschaftliches Ansehen wuchs. So bot man mir eine Reihe von Stellungen an, in denen ich mich ganz der Forschung widmen konnte, ohne Lehraufgaben wahrnehmen zu müssen.

Glück hatten wir auch bei der Wohnungssuche. Als wir heirateten, war Jane noch Studentin am Westfield College in London, wo sie die ganze Woche über lebte. Deshalb mußten wir eine Wohnung finden, die ich allein versorgen konnte und die zentral gelegen war, denn sehr weit gehen konnte ich nicht. Als ich das College um Hilfe bat, mußte ich mir vom Quästor sagen lassen, es entspreche nicht den Gepflogenheiten des College, Fellows bei der Wohnungssuche zu helfen. So unterschrieben wir einen Mietvertrag für eine Wohnung in einem Apartmenthaus, das gerade am Marktplatz erbaut wurde. (Jahre später erfuhr ich, daß diese Wohnungen dem College gehörten, was mir damals aber niemand mitgeteilt hatte.) Als wir nach dem Sommer in den USA nach Cambridge zurückkehrten, stellten wir fest, daß die Wohnungen noch immer nicht fertig waren. Der Quästor bot uns mit großzügiger Geste ein Zimmer in einem Studentenwohnheim an. «Normalerweise nehmen wir zwölf Shilling sechs Pence pro Tag», erklärte er, «aber da Sie zu zweit in dem Zimmer wohnen werden, müssen wir fünfundzwanzig Shilling verlangen.»

Wir blieben nur drei Tage. Dann entdeckten wir ein kleines Haus nur hundert Meter vom Seminar entfernt. Es gehörte einem anderen College, das es an einen seiner Fellows vermietet hatte. Dieser war vor kurzem in einen Vorort gezogen und überließ es uns für die verbleibenden drei Monate, die sein Mietvertrag noch gültig war. In dieser Zeit stellten wir fest, daß ein weiteres Haus in derselben Straße leer stand. Ein Nachbar redete auf die Eigentümerin aus Dorset ein, es sei ein Skandal, daß sie ihr Haus unbewohnt lasse, während junge Leute verzweifelt nach einer Bleibe suchten. Da vermietete sie uns das Haus. Nachdem wir dort einige Jahre gelebt hatten, wollten wir es kaufen und renovieren. Also baten wir das College um eine Hypothek. Doch das College prüfte das Objekt und gelangte zu dem Ergebnis, es sei keine gute Geldanlage. Schließlich bekamen wir die Hypothek von einer Wohnungsbaugesellschaft, und meine Eltern gaben uns das Geld für die Renovierung.

Nachdem wir dort weitere vier Jahre gewohnt hatten, wurde mir das Treppensteigen zu beschwerlich. Inzwischen wußte mich das College besser zu schätzen, und der Quästor hatte gewechselt. So bot man uns in einem dem Caius College gehörenden Gebäude eine Parterrewohnung an. Sie kommt meinem Bedürfnis sehr entgegen, weil sie große Räume und breite Türen hat. Außerdem liegt sie so zentral, daß ich mit meinem elektrischen Rollstuhl bequem ins Seminar oder ins College gelangen kann. Auch unseren drei Kindern hat es dort gefallen, denn das Haus liegt in einem Garten, der von Collegegärtnern gepflegt wird.

Bis 1974 konnte ich ohne fremde Hilfe essen, aufstehen und ins Bett gehen. Jane hatte die ganze Zeit für mich gesorgt und dabei noch zwei Kinder großgezogen. (Unser drittes wurde 1979 geboren.) Doch danach wurde die Situation immer schwieriger, deshalb gingen wir dazu über, jeweils einen meiner Doktoranden bei uns einzuquartieren. Als Gegenleistung für freies Logis und besondere Betreuung durch mich halfen mir unsere Untermieter morgens beim Aufstehen und abends beim Zubettgehen. Ab 1980 nahmen wir wechselweise die Hilfe von Gemeindeschwestern und privaten Pflegerinnen in Anspruch, die für ein bis zwei Stunden jeweils am Morgen und am Abend kamen. Diese Regelung behielten wir bei, bis ich 1985 eine Lungenentzündung bekam. Ich mußte mich einer Tracheotomie unterziehen und von da an einen Pflegedienst rund um die Uhr in Anspruch nehmen, was uns durch die Mittel verschiedener Stiftungen ermöglicht wurde.

Vor der Operation war meine Sprache immer undeutlicher geworden, so daß mich nur noch ein paar Menschen, die mich sehr gut kannten, verstehen konnten. Aber immerhin konnte ich mich noch verständlich machen. Wissenschaftliche Aufsätze schrieb ich, indem ich sie einer Sekretärin diktierte, und ich hielt Vorlesungen und Vorträge mit Hilfe eines Dolmetschers, der meine Worte deutlich wiederholte. Durch den Luftröhrenschnitt habe ich die Fähigkeit zu sprechen völlig eingebüßt. Eine Zeitlang konnte ich mich nur verständlich machen, indem ich die Wörter buchstabierte: Ich hob die Augenbrauen, wenn jemand auf den richtigen Buchstaben des Abc auf einer Karte zeigte. Es ist ziemlich schwierig, auf diese Weise ein Gespräch zu führen oder gar eine wissenschaftliche Arbeit zu verfassen. Jedenfalls hörte ein Computerfachmann in Kalifornien, Walt Woltosz, von meinen Schwierigkeiten und schickte mir ein Programm namens Equalizer, das er geschrieben hatte. Damit kann ich Wörter aus einer Reihe von Menüs auf dem Bildschirm auswählen, indem ich einen Schalter in meiner Hand drücke. Das Programm läßt sich auch durch Kopf- oder Augenbewegungen bedienen. Wenn ich zusammengestellt habe, was ich sagen möchte, kann ich es an einen Sprachsynthesizer überspielen.

Zunächst ließ ich das Programm auf einem Schreibtischcomputer laufen. Doch dann montierte David Mason von der Firma Cambridge Adaptive Communications einen kleinen PC und einen Sprachsynthesizer auf meinen Rollstuhl. Dank dieses Systems kann ich mich viel besser verständlich machen als vorher. Ich schaffe bis zu fünfzehn Wörter pro Minute. Ich kann das, was ich geschrieben habe, sprechen oder auf Diskette speichern. Dann kann ich es ausdrucken oder es wieder abrufen und Satz für Satz sprechen. Mit Hilfe dieses Systems habe ich zwei Bücher und eine Menge wissenschaftlicher Aufsätze geschrieben. Und ich habe eine Reihe wissenschaftlicher und populärwissenschaftlicher Vorträge gehalten. Sie sind gut angekommen, was sicher großenteils der Qualität des Sprachsynthesizers zu verdanken ist, der von Speech Plus hergestellt wurde. Die Stimme ist sehr wichtig. Wenn man undeutlich spricht, neigen die Menschen dazu, einen zu behandeln, als sei man geistig zurückgeblieben. Dieser Synthesizer ist bei weitem der beste, den ich kenne, weil er die Intonation variiert und nicht wie ein Automat spricht. Leider stattet er mich mit einem amerikanischen Akzent aus. Doch das Unternehmen arbeitet bereits an einer britisch klingenden Version.

An amyotropher Lateralsklerose leide ich im Grunde genommen, seit ich erwachsen bin. Doch sie hat mich nicht daran gehindert, eine liebenswerte Familie zu gründen und erfolgreich meine Arbeit zu tun. Das verdanke ich der Hilfe meiner Frau, meiner Kinder und vieler anderer Menschen und Organisationen. Ich hatte insofern Glück, als meine Krankheit langsamer vorangeschritten ist als in vielen anderen Fällen. Was beweist, daß man die Hoffnung nie aufgeben sollte.

Öffentliche Einstellungen zur Wissenschaft*

Ob es uns gefällt oder nicht, die Welt, in der wir leben, hat sich in den letzten hundert Jahren erheblich verändert und wird sich in den nächsten Jahrhunderten wahrscheinlich noch stärker verändern. Manche Menschen würden diesem Wandel gern Einhalt gebieten und in eine Zeit zurückkehren, von der sie glauben, das Leben in ihr sei natürlicher und einfacher gewesen. Doch die Geschichte zeigt, daß die Vergangenheit nicht gar so märchenhaft war. Für eine privilegierte Minderheit war sie recht angenehm, obwohl auch sie ohne die Errungenschaften der modernen Medizin auskommen mußte, so daß zum Beispiel Geburten auch für Frauen gehobener Schichten ein großes Risiko darstellten. Für die große Mehrheit der Bevölkerung war das Leben indessen hart, gefährlich und kurz.

Aber wir können das Rad eh nicht zurückdrehen, selbst wenn wir es wollten. Wissen und Technik lassen sich nicht einfach vergessen. Auch weitere Fortschritte in der Zukunft können wir

* Rede, gehalten in Oviedo, Spanien, anläßlich der Verleihung des Friedenspreises des Prinzen von Asturien im Oktober 1989. Für das Buch aktualisiert.

nicht verhindern. Selbst wenn alle staatlichen Forschungsgelder gestrichen würden (die gegenwärtigen Regierungen tun in dieser Hinsicht ihr Bestes), würde die Konkurrenz noch immer für genügend technischen Fortschritt sorgen. Und niemand kann wißbegierige Geister daran hindern, über grundlegende wissenschaftliche Fragen auch dann nachzudenken, wenn sie nicht dafür bezahlt werden. Die einzige Möglichkeit, die weitere Entwicklung zum Stillstand zu bringen, wäre ein weltumspannender totalitärer Staat, der alles Neue unterdrückte. Aber selbst er wäre dem menschlichen Unternehmungs- und Erfindungsgeist nicht gewachsen. Allenfalls könnte er das Tempo der Veränderung verlangsamen.

Doch die Einsicht, daß wir Wissenschaft und Technik nicht daran hindern können, unsere Welt zu verändern, sollte uns nicht davon abhalten, die Veränderungen in die richtige Richtung zu lenken. In einer demokratischen Gesellschaft heißt das, die Öffentlichkeit braucht wissenschaftliche Grundkenntnisse, die es ihr erlauben, fundierte Entscheidungen zu treffen, um sie nicht Fachleuten überlassen zu müssen. Gegenwärtig hat die Öffentlichkeit eine recht ambivalente Einstellung zur Wissenschaft. Während sie einerseits die ständige Verbesserung des Lebensstandards, den sie neuen Entwicklungen in Wissenschaft und Technik verdankt, als selbstverständlich hinnimmt, mißtraut sie andererseits der Wissenschaft, weil sie sie nicht versteht. Dieses Mißtrauen zeigt sich in der Comic-Figur des verrückten Wissenschaftlers, der sich seinen Frankenstein zusammenbastelt. Es ist auch ein wesentlicher Motor für die Bewegung der Grünen. Andererseits zeigt die Öffentlichkeit auch großes Interesse an wissenschaftlichen Fragen, besonders an der Astronomie, wie die hohen Einschaltquoten bei Fernsehserien wie *Cosmos* oder bei Science-fiction-Filmen zeigen.

Wie können wir dieses Interesse nutzen und der Öffentlichkeit die Kenntnisse vermitteln, die sie braucht, um fundierte

Entscheidungen über Fragen wie saurer Regen, Treibhauseffekt, Atomwaffen oder Gentechnik zu treffen? Das Grundwissen muß natürlich in der Schule vermittelt werden. Dort wird die Naturwissenschaft leider allzuoft sehr trocken und uninteressant präsentiert. Die Schüler lernen ihre Inhalte auswendig, um Prüfungen zu bestehen, aber sie begreifen nicht, was sie mit der wirklichen Welt um sie herum zu tun haben. Überdies wird die Naturwissenschaft oft in Form von Gleichungen gelehrt. Obwohl Gleichungen eine knappe und präzise Form zur Beschreibung mathematischer Ideen sind, verschrecken sie die meisten Menschen. Als ich kürzlich ein populärwissenschaftliches Buch schrieb, wies man mich darauf hin, daß jede Gleichung die Verkaufszahlen halbieren würde. Daraufhin nahm ich nur eine Gleichung auf, Einsteins berühmte Formel $E = mc^2$. Vielleicht wären ohne sie doppelt so viele Exemplare verkauft worden.

Wissenschaftler und Ingenieure drücken ihre Ideen meist in Form von Gleichungen aus, weil sie den genauen Wert von Größen kennen müssen. Uns anderen genügt ein qualitatives Verständnis wissenschaftlicher Konzepte, und das läßt sich unter Verzicht auf Gleichungen durch Worte und Diagramme vermitteln.

Die wissenschaftlichen Kenntnisse, die die Menschen in der Schule erwerben, können eine gewisse Grundlage bilden, aber der wissenschaftliche Fortschritt entfaltet sich mit solchem Tempo, daß man sich nach Ende der Schulzeit oder des Studiums mit immer neuen Entwicklungen vertraut machen muß. Zum Beispiel habe ich in der Schule nichts über Molekularbiologie oder Transistoren gelernt, aber Gentechnik und Computer sind die beiden Entwicklungen, die unser künftiges Leben wahrscheinlich am einschneidendsten verändern werden. Populärwissenschaftliche Bücher und Zeitschriftenartikel können dazu beitragen, einem breiten Publikum neue Erkenntnisse verständlich zu machen. Doch selbst das erfolgreichste populärwissenschaftliche Buch wird nur von einem kleinen Prozentsatz der Bevölkerung gelesen. Allein das Fernsehen kann das Massenpublikum wirklich erreichen. Es gibt ein paar sehr gute Wissenschaftssendungen im Fernsehen, aber viele andere präsentieren wissenschaftliche Wunder wie Zauberei, ohne sie zu erklären und ohne zu zeigen, welchen Platz sie im Bezugssystem wissenschaftlichen Denkens einnehmen. Die Produzenten wissenschaftlicher Fernsehsendungen sollten sich bewußtmachen, daß es in ihrer Verantwortung liegt, das Publikum zu unterrichten und nicht nur zu unterhalten.

In welchen die Wissenschaft berührenden Fragen wird die Öffentlichkeit in naher Zukunft Entscheidungen zu treffen haben? Die bei weitem dringlichste ist die der Kernwaffen. Andere globale Probleme wie die Nahrungsversorgung oder der Treibhauseffekt entwickeln sich relativ langsam. Ein Atomkrieg könnte jedoch in wenigen Tagen alles menschliche Leben auf der Erde auslöschen. Die Ost-West-Entspannung, die wir dem Ende des Kalten Krieges verdanken, hat die Angst vor einem Atomkrieg aus dem öffentlichen Bewußtsein verbannt. Doch die Gefahr ist nach wie vor akut, solange es genügend Waffen gibt, um die gesamte Erdbevölkerung mehrfach umzubringen. In den ehemaligen Sowjetrepubliken und in den USA sind die Atomraketen noch immer auf alle größeren Städte der nördlichen Erdhalbkugel gerichtet. Ein Computerfehler oder eine Meuterei in einer kleinen Gruppe des Bedienungspersonals würde genügen, um einen Weltkrieg auszulösen. Noch bedenklicher ist, daß jetzt auch relativ kleine Staaten Kernwaffen erwerben. Die Großmächte haben sich einigermaßen vernünftig verhalten, aber in kleinere Mächte wie Libyen, den Irak oder auch Aserbaidschan kann man nicht zwangsläufig das gleiche Vertrauen setzen. Die Gefahr liegt weniger in den Waffen, die diese kleineren Mächte in naher Zukunft besitzen könnten – sie wären ziemlich primitiv, obwohl auch sie ein paar Millionen Menschen töten könnten. Die Gefahr liegt vielmehr darin, daß die Großmächte mit ihren riesigen Arsenalen in einen Krieg zwischen zwei kleineren Staaten hineingezogen werden könnten.

Es kommt darauf an, daß die Öffentlichkeit sich die Gefahr bewußtmacht und alle Regierungen durch entsprechenden Druck zu einschneidenden Abrüstungsmaßnahmen zwingt. Wahrscheinlich ist es nicht ratsam, die Kernwaffen völlig abzuschaffen, aber wir können die Gefahr eingrenzen, indem wir ihre Zahl verringern.

Wenn es uns gelingt, einen Atomkrieg zu vermeiden, bleiben noch andere Risiken, die uns alle vernichten könnten. Einem makabren Witz zufolge sind außerirdische Zivilisationen deshalb noch nicht bei uns aufgetaucht, weil Zivilisationen sich in der Regel selbst zerstören, wenn sie unser Entwicklungsniveau erreicht haben. Ich habe genügend Vertrauen in die Vernunft der Menschheit, um daran zu glauben, daß wir dies widerlegen können.

Eine kurze Geschichte der *Kurzen Geschichte* *

Noch immer bin ich verblüfft über die Aufnahme, die mein Buch ‹*Eine kurze Geschichte der Zeit*› gefunden hat. Seit einunddreißig Wochen steht es nun auf der Bestsellerliste der *New York Times* und seit sechsundzwanzig Wochen auf der der *Sunday Times* (in England ist es später erschienen als in den USA). Außerdem ist es in zwanzig Sprachen übersetzt worden. Dergleichen habe ich nicht annähernd erwartet, als mir 1982 erstmals die Idee kam, ein populärwissenschaftliches Buch über das Universum zu schreiben. Zum Teil trieb mich der Wunsch, das Schulgeld für meine Tochter zu beschaffen. (Als das Buch dann tatsächlich erschien, befand sie sich schon im letzten Schuljahr.) Der Hauptgrund war jedoch, daß

* Dieser Aufsatz erschien im Dezember 1988 in *The Independent*. ‹*Eine kurze Geschichte der Zeit*› hielt sich dreiundfünfzig Wochen auf der Bestsellerliste der *New York Times* und im Februar 1993 seit zweihundertfünf Wochen auf der der Londoner *Sunday Times*. (In der hundertvierundachtzigsten Woche wurde das Buch ins ‹*Guinness Book of Records*› aufgenommen, weil es die höchste Zahl von Plazierungen in der *Sunday-Times*-Liste erreicht hatte.) Bislang sind dreiunddreißig verschiedene Übersetzungen veröffentlicht worden.

ich zeigen wollte, wie weit wir bereits in unserem Bestreben gekommen sind, das Universum zu verstehen: wie nahe wir möglicherweise der Entdeckung einer vollständigen Theorie gekommen sind, die das Universum und alles, was in ihm ist, beschreibt.

Dabei wollte ich die Zeit und die Energie, die nötig sind, um ein Buch zu schreiben, nur aufwenden, wenn gewährleistet war, daß es möglichst viele Leser fände. Die wissenschaftlichen Bücher, die ich bis dahin geschrieben hatte, waren bei Cambridge University Press erschienen. Ich war sehr zufrieden mit dem Verlag, aber ich hatte nicht den Eindruck, daß er den Massenmarkt ansprechen konnte, den ich erreichen wollte. Deshalb setzte ich mich mit dem Literaturagenten Al Zuckerman in Verbindung, den ich als Schwager eines Kollegen kennengelernt hatte. Ich ließ ihm eine Kopie des ersten Kapitels zukommen und erklärte, ich wolle ein Buch schreiben, das man an Flughafenkiosken verkaufen könnte. Er sagte mir, ich hätte keine Chance, dieses Ziel zu erreichen: Bei Akademikern und Studenten würde das Buch ja vielleicht gut ankommen, aber einem Jeffrey Archer könne ich den Rang nicht streitig machen.

1984 erhielt Zuckerman von mir eine erste Fassung des ganzen Buches. Er schickte sie an mehrere Verlage und empfahl mir, ein Angebot von Norton, einem angesehenen amerikanischen Verlag, anzunehmen. Doch ich entschied mich statt dessen für ein Angebot von Bantam, einem Verlag, der sich stärker am breiten Publikum orientiert. Er ist vielleicht nicht darauf spezialisiert, wissenschaftliche Bücher herauszubringen, aber seine Bücher sind an allen Flughafenkiosken zu bekommen. Daß der Verlag mein Buch annahm, verdanke ich wahrscheinlich dem Interesse des Lektors Peter Guzzardi. Er nahm seine Aufgabe sehr ernst und ließ mich das ganze Buch umschreiben, damit es für Nichtwissenschaftler wie ihn verständlich wurde. Jedesmal, wenn ich ihm ein umgeschriebenes Kapitel schickte, bekam ich von ihm eine lange Liste mit Einwänden und Fragen, um deren Klärung er mich bat. Manchmal dachte ich, das Ganze würde nie ein Ende nehmen. Aber er hatte recht: Zu guter Letzt war ein sehr viel besseres Buch entstanden.

Kurz nachdem ich Bantams Angebot angenommen hatte, bekam ich eine Lungenentzündung. Ich mußte mich einer Luftröhrenoperation unterziehen, durch die ich die Stimme verlor. Eine Zeitlang konnte ich mich nur verständigen, indem ich die Augenbrauen hob, wenn jemand den richtigen Buchstaben auf einer Karte mit dem Abc zeigte. Unter diesen Umständen wäre es völlig unmöglich gewesen, das Buch zu beenden, hätte ich nicht das Computerprogramm bekommen, das mir half, mich zu verständigen. Es ging ein bißchen langsam, aber ich bin auch kein schneller Denker, und deshalb paßt es zu mir. Mit Hilfe dieses Systems schrieb ich, den Kommentaren und Fragen Guzzardis folgend, den ersten Entwurf fast völlig um. Bei der Überarbeitung hat mir Brian Whitt, einer meiner Studenten, geholfen.

Jacob Bronowskis Fernsehserie ‹*The Ascent of Man*› (ein derart sexistischer Titel würde heute wohl nicht mehr durchgehen) hat mir sehr imponiert. Sie vermittelte dem Zuschauer einen Eindruck von der gewaltigen Leistung der Menschheit – in nur fünfzehntausend Jahren hat sie es vom primitiven Wilden zum heutigen Entwicklungsstand gebracht. Ich wollte etwas Ähnliches zeigen, wollte herausarbeiten, welche Fortschritte wir bei dem Versuch gemacht haben, die Gesetze zu verstehen, die dem Universum zugrunde liegen. Ich war mir sicher, daß fast jeder wissen will, wie das Universum funktioniert, daß aber die meisten Menschen mit mathematischen Gleichungen nichts anfangen können. Auch ich lege keinen großen Wert auf Gleichungen – zum Teil deshalb, weil es mir schwerfällt, sie niederzuschreiben, vor allem aber, weil ich kein intuitives Gefühl für Gleichungen habe. Ich denke in Bildern; deshalb war es mein Ziel, diese Vorstellungsbilder mit Hilfe vertrauter Analogien und einiger Grafiken in Worte zu fassen. Dann müßten, meinte ich, die meisten Leser meine Begeisterung und meinen Stolz teilen können – den Stolz auf die großen Fortschritte, die die Physik in den letzten fünfundzwanzig Jahren erzielt hat.

Selbst wenn man auf die Mathematik verzichtet, sind einige der Ideen fremdartig und schwer zu erklären. Damit stand ich vor folgendem Problem: Sollte ich versuchen, sie zu erklären, und damit Gefahr laufen, die Leser zu verwirren, oder sollte ich die Schwierigkeiten einfach übergehen? Einige komplizierte Begriffe, etwa der Umstand, daß Beobachter, die sich mit verschiedenen Geschwindigkeiten fortbewegen, unterschiedliche Zeitintervalle zwischen denselben Ereignispaaren messen, waren nicht wesentlich für das Bild, das ich entwerfen wollte. So beschloß ich, sie einfach zu erwähnen, ohne näher auf sie einzugehen. Doch andere schwierige Ideen waren von entscheidender Bedeutung für das, was ich vermitteln wollte. Das galt vor allem für zwei Konzepte, auf die ich nicht verzichten wollte. Das eine war die sogenannte «Aufsummierung von Möglichkeiten», die Vorstellung, daß das Universum nicht nur eine Geschichte hat, sondern jede mögliche Geschichte, und alle diese geschichtlichen Entwicklungen sind gleich wirklich (was immer das bedeuten mag). Die andere Idee, ohne die die Aufsummierung von Möglichkeiten keinen Sinn ergibt, ist die «imaginäre Zeit». In der Rückschau scheint mir, daß ich mir mehr Mühe hätte geben sollen, diese beiden sehr schwierigen Begriffe zu erklären, besonders die imaginäre Zeit, mit der die Leser des Buches offenbar die größten Probleme haben. Es ist jedoch nicht wirklich notwendig, genau zu verstehen, was imaginäre Zeit ist. Man muß nur wissen, daß sie sich von der sogenannten realen Zeit unterscheidet.

Kurz vor Erscheinen des Buches stellte ein Wissenschaftler,

dem man vorab ein Exemplar geschickt hatte, damit er es für die Zeitschrift *Nature* rezensiere, entsetzt fest, daß es voller Fehler war: Fotos und Diagramme standen am falschen Platz oder waren falsch beschriftet. Sofort rief er bei Bantam an, wo man ebenso entsetzt war und noch am selben Tag beschloß, die Auslieferung zu stoppen und die gesamte Auflage einzustampfen. Drei Wochen fieberhafter Korrektur- und Lektoratsarbeiten waren nötig, um das Buch doch noch rechtzeitig zum angekündigten Erscheinungstermin im April in die Buchhandlungen zu bringen. Inzwischen hatte das Magazin *Time* ein Porträt von mir veröffentlicht. Dennoch wurde der Verlag von der Nachfrage überrascht. Das Buch erlebt in Amerika jetzt seine siebzehnte und in Großbritannien seine zehnte Auflage.*

Warum wird es von so vielen Menschen gekauft? Da ich selbst schwer beurteilen kann, ob ich objektiv bin, halte ich mich an die Aussagen anderer. Allerdings fand ich die meisten Kritiken, so positiv sie waren, wenig aufschlußreich. In der Regel gingen sie nach folgendem Schema vor: Stephen Hawking hat *Lou Gerig's disease* (die amerikanische Bezeichnung für amyotrophe Lateralsklerose) oder *motor neurone disease* (die englische Bezeichnung). Er sitzt im Rollstuhl, kann nicht sprechen und nur x Finger bewegen (wobei x eine Zahl zwischen eins und drei annehmen konnte, je nachdem, welchen der ungenauen Artikel über mich der jeweilige Kritiker gelesen hatte). Trotzdem hat er dieses Buch über die größte aller Fragen geschrieben: Woher kommen wir, und wohin gehen wir? Die Antwort, die Hawking vorschlägt, lautet: Das Universum wird weder erschaffen noch vernichtet – es IST einfach. Um diese Idee zu formulieren, führt Hawking den Begriff der imaginären Zeit ein, den ich (der Re-

* Im April 1993 lag es in den USA in der vierzigsten Hardcover- und der neunzehnten Taschenbuchauflage vor, in England in der neununddreißigsten Hardcoverauflage.

zensent) nicht ganz verstehe. Doch wenn Hawking recht hat und wir eine vollständige einheitliche Theorie finden, werden wir den Plan Gottes kennen. (In den Fahnen hätte ich den letzten Satz, der sich auf den Plan Gottes bezieht, fast gestrichen. Hätte ich es getan, wären vielleicht nur halb so viele Exemplare verkauft worden.)

Wesentlich scharfsinniger (so schien mir) war ein Artikel in *The Independent*, einer Londoner Zeitung, in dem es hieß, selbst ein seriöses naturwissenschaftliches Sachbuch wie ‹*Eine kurze Geschichte der Zeit*› könne zu einem Kultbuch werden. Meine Frau war entsetzt, aber ich fühlte mich durchaus geschmeichelt, als mein Buch mit Pirsigs ‹*Zen und die Kunst, ein Motorrad zu warten*› verglichen wurde. Ich hoffe, daß es wie Zen den Menschen das Gefühl gibt, nicht von den großen geistigen und philosophischen Fragen abgeschnitten zu sein.

Zweifellos hat der menschliche Aspekt – daß es mir gelungen ist, trotz meiner Behinderung als theoretischer Physiker zu arbeiten – zum Erfolg des Buches beigetragen. Doch die Leser, die es gekauft haben, um darüber etwas zu erfahren, dürften enttäuscht worden sein, denn es enthält nur wenige Hinweise auf meine Lebensumstände. Ich wollte ein Buch über die Geschichte des Universums schreiben, nicht über mich. Dennoch hat man Bantam vorgeworfen, meine Krankheit schamlos ausgenutzt zu haben, und ich hätte mitgespielt, denn schließlich sei ich ja damit einverstanden gewesen, daß mein Bild auf dem Schutzumschlag erschien. Leider räumt mir mein Vertrag keinerlei Einfluß auf die Umschlaggestaltung ein. Immerhin habe ich Bantam dazu überreden können, für die britische Ausgabe das unpassende veraltete Foto der amerikanischen Ausgabe gegen ein besseres auszutauschen. Das Bild auf dem amerikanischen Umschlag will Bantam jedoch nicht erneuern; die amerikanische Leserschaft, so die Begründung, identifiziere das Foto inzwischen mit dem Buch.

Es wurde auch die Vermutung geäußert, die Menschen kauften das Buch, weil sie durch Rezensionen darauf aufmerksam geworden seien oder weil es auf der Bestsellerliste stehe, aber sie läsen es nicht; sie hätten es nur im Bücherregal stehen oder auf dem Couchtisch liegen, um damit renommieren zu können, ohne sich der Mühe zu unterziehen, sich mit seinem Inhalt vertraut zu machen. Sicher, das kommt vor – allerdings weiß ich nicht, ob in diesem Fall häufiger als bei den meisten anderen ernsthaften Büchern, einschließlich der Bibel und Shakespeares Werken. Andererseits weiß ich mit Sicherheit, daß zumindest einige Menschen es lesen, denn ich bekomme jeden Tag stapelweise Briefe zu meinem Buch, in denen oft Fragen oder eingehende Anmerkungen stehen, die zeigen, daß ihre Verfasser das Buch kennen, wenn auch vielleicht nicht immer ganz verstanden haben. Manchmal halten mich Fremde auf der Straße an und berichten mir, welche Freude ihnen das Buch gemacht hat. Natürlich bin ich leichter zu erkennen als die meisten anderen Autoren. Da mir jedoch solche Bemerkungen in der Öffentlichkeit häufig zuteil werden (sehr zum Mißfallen meines neunjährigen Sohnes), scheint der Schluß zulässig, daß zumindest ein Teil der Käufer das Buch auch gelesen hat.

Ich werde jetzt immer wieder gefragt, was ich als nächstes schreiben werde. Eine Fortsetzung der ‹*Kurzen Geschichte der Zeit*› kann ich wohl kaum schreiben. Wie sollte ich sie nennen? «Eine längere Geschichte der Zeit»? «Jenseits des Endes der Zeit»? «Der Sohn der Zeit»? Mein Agent hat mir vorgeschlagen, einen Film über mein Leben drehen zu lassen. Doch meine Familie und ich verlören alle Selbstachtung, wenn wir uns durch Schauspieler darstellen ließen. Gleiches würde gelten, obwohl in geringerem Maße, wenn ich jemandem hülfe, ein Buch über mein Leben zu schreiben. Natürlich kann ich niemanden daran hindern, mein Leben zu schildern, solange er keine Verleumdungen verbreitet, aber ich versuche alle Interessenten davon abzubringen, indem ich ihnen erkläre, ich plane eine Autobiographie zu verfassen. Vielleicht werde ich das auch tun, aber ich habe es damit nicht eilig. Es gibt zu viele wissenschaftliche Probleme, mit denen ich mich vorher beschäftigen möchte.

Mein Standpunkt

Wer wissen will, ob ich an Gott glaube, wird in diesem Aufsatz keine Antwort finden. Mir geht es vielmehr um die Frage, wie sich das Universum verstehen läßt. Welchen Status und welche Bedeutung hat eine Große Vereinheitlichte Theorie, eine «Theorie für Alles»? Dabei stößt man gleich auf ein Problem. Die Menschen, die sich von Haus aus mit dieser Frage auseinandersetzen müßten, die Philosophen, sind meist mathematisch nicht beschlagen genug, um die modernen Entwicklungen in der theoretischen Physik verfolgen zu können. Es gibt eine Unterart, Leute, die Philosophie der Naturwissenschaften betreiben und eigentlich bessere Voraussetzungen mitbringen müßten. Doch viele von ihnen sind gescheiterte Physiker, denen es zu schwer war, neue Theorien zu entwickeln, und die sich deshalb entschlossen haben, lieber über die Philosophie der Physik zu schreiben. Noch immer zerbrechen sie sich den Kopf über die naturwissenschaftlichen Theorien der ersten Dekaden unseres Jahrhunderts – etwa die Relativitätstheorie und die Quantenmechanik –, während sie in den vordersten Reihen der physikalischen Forschung noch nie gesichtet wurden.

Vielleicht gehe ich ein bißchen zu streng mit den Philosophen ins Gericht, aber sie sind auch nicht gerade freundlich zu mir gewesen. Man hat meinen Ansatz als naiv und schlicht bezeichnet und mich nacheinander als Nominalisten, Instrumentalisten, Positivisten, Realisten und als noch manch anderen «Isten» etikettiert. Die Methode scheint die der Widerlegung durch Verunglimpfung zu sein. Wenn man meinem Ansatz ein Etikett anheften kann, braucht man nicht zu erklären, was daran falsch ist. Denn natürlich kennt jeder die schlimmen Fehler, die allen diesen Ismen innewohnen.

Die Forscher, die tatsächlich für die Fortschritte in der theoretischen Physik sorgen, denken nicht in den Kategorien, die Philosophen und Wissenschaftshistoriker anschließend für sie erfinden. Ich bin sicher, daß Einstein, Heisenberg und Dirac sich nicht darum gekümmert haben, ob sie Realisten oder Instrumentalisten waren. Ihnen ging es einfach darum, daß die vorhandenen Theorien nicht zusammenpaßten. In der theoretischen Physik war für den Fortschritt die Suche nach logischer Stimmigkeit immer wichtiger als Experimentalergebnisse. Zwar sind schon elegante und schöne Theorien aufgegeben worden, weil sie nicht mit den Beobachtungsdaten übereinstimmten, aber ich kenne keine wichtige Theorie, die ihre Entwicklung allein Experimentaldaten zu verdanken hätte. Immer kommt zunächst die Theorie, die dem Wunsch entspringt, über ein elegantes und in sich schlüssiges mathematisches Modell zu verfügen. Dann macht die Theorie Vorhersagen, die sich anhand von Beobachtungen überprüfen lassen. Wenn die Beobachtungen mit den Vorhersagen übereinstimmen, ist die Theorie damit noch nicht bewiesen, aber sie überlebt und macht weitere Vorhersagen, die dann wieder an Beobachtungsdaten überprüft werden. Stimmen die Beobachtungen nicht mit den Vorhersagen überein, gibt man die Theorie auf.

So zumindest sollte es sein. In der Praxis widerstrebt es Menschen, eine Theorie aufzugeben, in die sie viel Zeit und Mühe investiert haben. Gewöhnlich stellen sie deshalb zunächst die Genauigkeit der Beobachtungen in Frage. Wenn das nicht klappt, versuchen sie die Theorie von Fall zu Fall so abzuändern, daß sie zu den Beobachtungen paßt. Schließlich verwandelt sich die Theorie in ein schiefes und häßliches Gebäude. Dann schlägt jemand eine neue Theorie vor, die für alle störenden Beobachtungen einleuchtende natürliche Erklärungen findet. Ein Beispiel ist das Michelson-Morley-Experiment, das 1887 durchgeführt wurde. Es zeigte, daß die Lichtgeschwindigkeit immer gleich bleibt, egal wie sich Lichtquelle und Beobachter bewegen. Das schien lächerlich zu sein. Es lag doch auf der Hand, daß jemand, der sich dem Licht entgegenbewegt, einen höheren Wert für dessen Geschwindigkeit mißt als jemand, der sich mit dem Licht in gleicher Richtung fortbewegt. Doch das Experiment zeigte, daß beide Beobachter exakt die gleiche Geschwindigkeit messen würden. Im Laufe der nächsten achtzehn Jahre versuchten Forscher wie Hendrik Lorentz und George Fitzgerald, diese Beobachtungen mit den herrschenden Auffassungen von Zeit und Raum zu vereinbaren. Sie führten Ad-hoc-Postulate ein, etwa die These, daß sich Objekte bei hoher Geschwindigkeit verkürzen. Das gesamte Bezugssystem der Physik wurde plump und häßlich. 1905 schlug Einstein dann ein weit attraktiveres Denkmodell vor, dem zufolge die Zeit nicht mehr völlig eigenständig und unabhängig existiert, sondern mit dem Raum zu einem vierdimensionalen Gebilde, der Raumzeit, verbunden ist. Zu dieser Hypothese sah sich Einstein weniger durch die Experimentalergebnisse gedrängt als durch den Wunsch, zwei Teile der Theorie zu einem schlüssigen Ganzen zusammenzufügen: die Gesetze, die das Verhalten elektrischer und magnetischer Felder bestimmen, und jene, die der Bewegung von Körpern zugrunde liegen.

Ich glaube nicht, daß Einstein oder irgend jemand sonst 1905 begriffen hat, wie einfach und elegant die neue Relativitätstheorie war. Sie hat unsere Vorstellungen von Raum und Zeit gründlich umgekrempelt. Wie dieses Beispiel sehr schön zeigt, ist es in der Wissenschaftstheorie schwierig, Realist zu sein – also die Auffassung zu vertreten, daß die Wirklichkeit unabhängig von unserer Erfahrung existiert –, denn das, was wir für wirklich halten, ist den Bedingungen der Theorie unterworfen, an der wir uns jeweils orientieren. Ich bin sicher, daß Lorentz und Fitzgerald sich selbst als Realisten sahen, als sie das Experiment zur Lichtgeschwindigkeit im Rahmen der Newtonschen Konzepte des absoluten Raums und der absoluten Zeit deuteten. Diese Vorstellungen von Raum und Zeit schienen dem gesunden Menschenverstand und der Wirklichkeit zu entsprechen. Heute sind die Wissenschaftler, die sich in der Relativitätstheorie auskennen – immer noch eine bestürzend kleine Minderheit –, ganz anderer Ansicht. Wir müssen die Menschen über die modernen Versionen solch grundlegender Konzepte wie Raum und Zeit informieren.

Wenn das, was wir für wirklich halten, von unserer jeweiligen Theorie abhängt, wie können wir dann die Wirklichkeit zur Grundlage unserer Philosophie machen? Ich würde sagen, ich bin tatsächlich insofern ein Realist, als ich glaube, daß uns ein Universum umgibt, das darauf wartet, untersucht und verstanden zu werden. Die solipsistische Position, nach der alles nur ein Produkt unserer Einbildungskraft ist, halte ich für reine Zeitverschwendung. Auf dieser Basis handelt kein Mensch. Aber ohne eine Theorie können wir nicht erkennen, was am Universum real ist. Deshalb vertrete ich die Auffassung, die man als schlicht oder naiv bezeichnet hat, daß eine physikalische Theorie nur ein mathematisches Modell ist, mit dessen Hilfe wir die Ergebnisse unserer Beobachtungen beschreiben. Eine Theorie ist eine gute Theorie, wenn sie ein elegantes Modell ist, wenn sie eine umfassende Klasse von Beobachtungen beschreibt und wenn sie die Ergebnisse weiterer Beobachtungen vorhersagt. Darüber hinaus hat es keinen Sinn zu fragen, ob sie mit der Wirklichkeit übereinstimmt, weil wir nicht wissen, welche Wirklichkeit gemeint ist. Vielleicht macht mich diese Auffassung von wissenschaftlichen Theorien zu einem Instrumentalisten oder Positivisten – wie oben erwähnt, hat man mich mit beiden Etiketten versehen. Der Autor, der mich als Positivisten bezeichnet hat, meinte im Fortgang seiner Ausführungen, es wisse doch jeder, daß der Positivismus überholt sei – ein weiterer Fall von Widerlegung durch Verunglimpfung. Mag sein, daß er wirklich überholt ist, insofern er die intellektuelle Mode von gestern darstellt. Doch die positivistische Position, so wie ich sie umrissen habe, scheint mir die einzig mögliche Haltung für jemanden zu sein, der nach neuen Gesetzen und nach neuen Möglichkeiten sucht, das Universum zu beschreiben. Es hat keinen Zweck, sich auf die Wirklichkeit zu berufen, weil wir kein modellunabhängiges Konzept der Wirklichkeit besitzen.

Nach meiner Meinung ist der unausgesprochene Glaube an eine modellunabhängige Wirklichkeit der tiefere Grund für die Schwierigkeiten, die Wissenschaftsphilosophen mit der Quantenmechanik und dem Unbestimmtheitsprinzip haben. Es gibt ein berühmtes Gedankenexperiment – Schrödingers Katze. Eine Katze wird in eine festverschlossene Kiste gesperrt. Auf sie ist ein Gewehr gerichtet, das einen Schuß abfeuert, wenn ein radioaktiver Kern zerfällt, was mit einer fünfzigprozentigen Wahrscheinlichkeit geschieht. (Heute würde niemand so etwas auch nur als Gedankenexperiment vorzuschlagen wagen, aber zu Schrödingers Zeiten hatte man von Tierschutz noch nicht viel gehört.)

Wenn man die Kiste öffnet, ist die Katze entweder tot oder lebendig, aber bevor die Kiste geöffnet wird, ist der Quantenzustand der Katze eine Mischung aus dem Zustand «tote Katze» und dem Zustand «lebendige Katze». Damit können sich einige Philosophen der Naturwissenschaft nur schwer abfinden. Die

Katze kann nicht halb erschossen und halb nichterschossen sein, meinen sie, sowenig wie eine Frau halb schwanger sein kann. Ihre Schwierigkeit kommt daher, daß sie sich implizit an einem klassischen Wirklichkeitsbegriff orientieren, in dem ein Objekt nur eine einzige bestimmte Geschichte hat. Die Besonderheit der Quantenmechanik liegt darin, daß sie ein anderes Bild von der Wirklichkeit vermittelt. Danach hat ein Objekt nicht nur eine einzige Geschichte, sondern alle Geschichten, die möglich sind. In den meisten Fällen hebt sich die Wahrscheinlichkeit, eine bestimmte Geschichte zu haben, gegen die Wahrscheinlichkeit auf, eine etwas andere Geschichte zu haben; doch in bestimmten Fällen verstärken sich die Wahrscheinlichkeiten benachbarter Geschichten gegenseitig – und es ist eine dieser verstärkten Geschichten, die wir dann als die Geschichte des Objekts beobachten.

Im Falle von Schrödingers Katze werden zwei Geschichten verstärkt. In der einen wird die Katze erschossen, während sie in der anderen am Leben bleibt. In der Quantentheorie können beide Möglichkeiten nebeneinander existieren. Doch einige Philosophen können sich mit dieser Situation nicht abfinden, weil sie stillschweigend voraussetzen, die Katze könne nur eine Geschichte haben.

Das Wesen der Zeit ist ein anderes Beispiel für einen Bereich, in dem die physikalischen Theorien unseren Wirklichkeitsbegriff bestimmen. Einst hielt man es für selbstverständlich, daß die Zeit ewig fließt, ganz gleich, was geschieht. Aber die Relativitätstheorie verband die Zeit mit dem Raum und sagte, beide könnten durch die Materie und Energie im Universum gekrümmt werden. Deshalb wandelte sich unsere Auffassung, und wir sahen die Zeit nicht mehr unabhängig vom Universum, sondern seinem Einfluß unterworfen. Damit wurde denkbar, daß die Zeit vor einem bestimmten Punkt einfach noch nicht definiert war. Ginge man zurück in der Zeit, stieße man vielleicht auf ein unüberwindliches Hindernis: eine Singularität, über die man nicht hinausgelangen könnte. Wäre dies der Fall, so hätte es keinen Sinn zu fragen, wer oder was den Urknall verursacht oder geschaffen hat. Wenn man über Verursachung oder Schöpfung spricht, setzt man implizit voraus, daß es eine Zeit vor der Urknallsingularität gab. Seit fünfundzwanzig Jahren wissen wir, daß die Zeit nach Einsteins allgemeiner Relativitätstheorie vor fünfzehn Milliarden Jahren einen Anfang in einer Singularität gehabt haben muß. Doch die Philosophen sind noch nicht ganz auf der Höhe dieser Erkenntnis. Sie zerbrechen sich noch immer den Kopf über die Grundlagen der Quantenmechanik, die vor fünfundsechzig Jahren entwickelt wurde. Ihnen ist nicht klar, daß die Physik längst andere Gebiete erschlossen hat.

Noch schlimmer verhält es sich mit dem mathematischen Konzept der imaginären Zeit, in dessen Rahmen Jim Hartle und ich die Hypothese vorgetragen haben, das Universum habe weder einen Anfang noch ein Ende. Ein Wissenschaftstheoretiker hat mir schwerste Vorwürfe gemacht, weil ich die imaginäre Zeit ins Spiel gebracht habe. Er sagte: Wie kann ein mathematischer Trick wie die imaginäre Zeit irgend etwas mit dem realen Universum zu tun haben? Ich nehme an, dieser Philosoph hat die Art, wie die mathematischen Termini reelle und imaginäre Zahl verwendet werden, mit dem Gebrauch von «real» und «imaginär» in der Alltagssprache verwechselt. Das trifft genau den Punkt, um den es mir geht: Wie können wir wissen, was real ist, wenn wir uns nicht an eine Theorie oder ein Modell halten, mit dem wir den Realitätsbegriff interpretieren?

Ich habe Beispiele aus der Relativitätstheorie und der Quantenmechanik herangezogen, um zu zeigen, auf welche Probleme man stößt, wenn man versucht, sich ein Bild vom Universum zu machen. Dabei spielt es keine große Rolle, ob Sie die Relativitätstheorie und Quantenmechanik verstehen, ja nicht einmal, ob diese Theorien richtig oder falsch sind. Mir ging es hier nur um den – hoffentlich gelungenen – Beweis, daß eine Art positivistischer Ansatz, nach dem eine Theorie immer als ein Modell aufgefaßt wird, der einzige Weg ist, das Universum verstehen zu lernen – zumindest für einen theoretischen Physiker. Wenn mich meine Zuversicht nicht täuscht, werden wir eines Tages ein in sich schlüssiges Modell finden, das alles im Universum beschreibt. Gelingt uns das, wird es ein wirklicher Triumph für die Menschheit sein.

Einsteins Traum*

Anfang des 20. Jahrhunderts haben zwei neue Theorien unsere Vorstellungen vom Raum und Zeit, ja der Wirklichkeit selbst, gründlich verändert. Mehr als fünfundsechzig Jahre später sind wir noch immer damit beschäftigt, ihre Konsequenzen zu sondieren und die beiden Systeme zu einer einheitlichen Theorie zusammenzufassen, die – wenn dies gelänge – alles im Universum beschriebe. Es handelt sich um die allgemeine Relativitätstheorie und die Quantenmechanik. Die allgemeine Relativitätstheorie befaßt sich mit Raum und Zeit und ihrer Krümmung in großem Maßstab unter dem Einfluß der Materie und Energie im Universum. Dagegen erfaßt die Quantenmechanik die Welt sehr kleiner Dimensionen. Zu ihr gehört das sogenannte Unbestimmtheitsprinzip (Unschärferelation), nach dem sich der Ort und die Geschwindigkeit eines Teilchens nicht zur gleichen Zeit exakt messen lassen. Stets bleibt ein Element der Unbestimmtheit oder des Zufalls, das sich auf das Verhalten der Materie in kleinen Größenordnungen entschei-

* Vortrag, gehalten beim «Paradigmen-Workshop» der NTT Data Communications Systems Corporation in Tokio, Juli 1991.

dend auswirkt. Einstein hat die allgemeine Relativitätstheorie fast im Alleingang geschaffen und eine wichtige Rolle bei der Entwicklung der Quantenmechanik gespielt. Seine Einstellung zu letzterer faßte er in dem Satz zusammen: «Der liebe Gott würfelt nicht.» Doch alles spricht dafür, daß Gott ein unverbesserlicher Spieler ist und bei jeder sich bietenden Gelegenheit würfelt.

In diesem Aufsatz werde ich versuchen, die Grundideen darzulegen, auf denen die beiden Theorien beruhen, und erklären, warum Einstein mit der Quantenmechanik so unglücklich war. Von einigen der bemerkenswerten Dinge, die sich zu ereignen scheinen, wenn man die beiden Theorien zu vereinigen sucht, soll hier die Rede sein. Sie lassen darauf schließen, daß die Zeit vor ungefähr fünfzehn Milliarden Jahren einen Anfang hatte. Vielleicht wird sie auch irgendwann in der Zukunft ein Ende finden. In einer Zeit anderer Art hat das Universum dagegen keine Grenze. Danach wurde es weder erschaffen, noch wird es zerstört werden. Es *ist* einfach.

Lassen Sie mich mit der Relativitätstheorie beginnen. Nationale Gesetze gelten nur innerhalb eines Landes. Dagegen gelten die physikalischen Gesetze in England genauso wie in den USA und in Japan. Sie sind auch in gleicher Form auf dem Mars und im Adromedanebel gültig. Nicht nur das, die Gesetze bleiben unverändert, egal mit welcher Geschwindigkeit Sie sich fortbewegen. Ob Sie im Hochgeschwindigkeitszug sitzen, im Düsenjet oder sich nicht vom Fleck rühren, in allen Fällen gelten die gleichen Gesetze. Natürlich bewegt sich auch jemand, der seinen Standort auf der Erde nicht verändert, mit ungefähr 30 Kilometern pro Sekunde um die Sonne. Diese wiederum kreist mit mehreren hundert Kilometern pro Sekunde um das Zentrum unserer Galaxis und so fort. Doch alle diese Bewegungen bleiben ohne Einfluß auf die physikalischen Gesetze. Sie sind gleich für alle Beobachter.

Diese Unabhängigkeit von der Geschwindigkeit des Systems wurde zuerst von Galilei festgestellt, der die Bewegungsgesetze für Objekte wie Kanonenkugeln oder Planeten entdeckte. Doch als man versuchte, diese Unabhängigkeit von der Geschwindigkeit des Beobachters auch den Bewegungsgesetzen des Lichtes zugrunde zu legen, stieß man auf ein Problem. Im 18. Jahrhundert hatte man entdeckt, daß Licht nicht sofort von der Quelle zum Beobachter gelangt, sondern sich mit einer bestimmten Geschwindigkeit fortbewegt, mit etwa 300000 Kilometern pro Sekunde. Doch wozu ist diese Geschwindigkeit relativ? Man glaubte, es müsse überall im Raum ein Medium geben, durch das sich das Licht fortbewegt. Man nannte es Äther und dachte, das Licht breite sich mit einer Geschwindigkeit von 299793 Kilometern pro Sekunde durch dieses Medium aus. Diese 299793 Kilometer pro Sekunde müßte, so meinte man, ein Beobachter messen, der sich relativ zum Äther im Ruhezustand befände. Ein Beobachter hingegen, der sich durch den Äther bewegte, würde eine höhere oder niedrigere Geschwindigkeit messen. Insbesondere müßte sich die Lichtgeschwindigkeit bei der Bewegung der Erde um die Sonne verändern, da sich die Erde durch den Äther bewege. Doch das bekannte Michelson-Morley-Experiment aus dem Jahr 1887 zeigte, daß die Lichtgeschwindigkeit stets gleich bleibt. Egal mit welcher Geschwindigkeit sich der Beobachter bewegt, er wird stets eine Lichtgeschwindigkeit von 299793 Kilometern pro Sekunde messen.

Wie kann das sein? Wie können Beobachter, die sich mit unterschiedlichen Geschwindigkeiten fortbewegen, alle die gleiche Lichtgeschwindigkeit messen? Die Antwort muß lauten, sie können es nicht, wenn unsere normalen Vorstellungen von Raum und Zeit richtig sind. Doch in einem berühmten Aufsatz aus dem Jahr 1905 hat Einstein darauf hingewiesen, daß alle Beobachter die gleiche Geschwindigkeit messen könnten, wenn man das Konzept einer universellen Zeit aufgäbe. Statt dessen habe jeder seine individuelle Zeit, die er anhand einer mitgeführten Uhr messe. Die von diesen verschiedenen Uhren gemessenen Zeiten würden fast genau übereinstimmen, wenn sich die Beobachter im Verhältnis zueinander langsam fortbewegten. Hingegen würden sich die von verschiedenen Uhren gemessenen Zeiten erheblich unterscheiden, wenn die Uhren sich mit hohen Geschwindigkeiten bewegten. Diesen Effekt hat man tatsächlich beobachtet, indem man eine Uhr am Erdboden mit einer Uhr in einem Verkehrsflugzeug verglich. Die Uhr im Verkehrsflugzeug läuft etwas langsamer als die stationäre Uhr. Doch bei normalen Reisegeschwindigkeiten sind die Unterschiede zwischen dem Gang der Uhren sehr gering. Vierhundertmillionenmal müßten Sie um die Erde fliegen, um Ihrer Lebensdauer eine einzige Sekunde hinzuzufügen; allerdings würde Ihr Leben durch die vielen Flugzeugmahlzeiten um mehr als diese Spanne verkürzt.

Menschen haben also ihre individuelle Zeit, aber wieso bewirkt dieser Umstand, daß sie, wenn sie sich mit verschiedenen Geschwindigkeiten fortbewegen, die gleiche Lichtgeschwindigkeit messen? Die Geschwindigkeit eines Lichtpulses ist die Distanz, die er zwischen zwei Ereignissen zurücklegt, geteilt durch das Zeitintervall zwischen den Ereignissen. (Ein Ereignis in diesem Sinne ist etwas, das an einem einzigen Punkt im Raum und an einem bestimmten Punkt in der Zeit stattfindet.) Menschen, die sich mit unterschiedlichen Geschwindigkeiten bewegen, werden keine Einigung über die Entfernung zwischen zwei Ereignissen erzielen. Wenn ich beispielsweise messe, welche Strecke ein Auto zurückgelegt hat, das die Autobahn entlangfährt, würde ich meinen, es sei nur ein Kilometer, aber für einen Beobachter auf der Sonne hätte das Fahrzeug ungefähr 1800 Kilometer zurückgelegt, weil sich auch die Erde bewegt hätte, während das Auto die Straße entlangfuhr. Da Menschen, die sich mit unterschiedlichen Geschwindigkeiten fortbewegen, zwischen

Ereignissen je andere Entfernungen messen, müssen sie auch verschiedene Zeitintervalle messen, sofern sie sich über die Lichtgeschwindigkeit einig sind.

Die ursprüngliche Relativitätstheorie, die Einstein der Öffentlichkeit 1905 in seinem berühmten Aufsatz vorstellte, nennen wir heute die spezielle Relativitätstheorie. Sie beschreibt, wie sich Objekte durch Raum und Zeit bewegen. Danach ist die Zeit keine universelle Größe, die für sich, unabhängig vom Raum, existiert. Vielmehr sind Zukunft und Vergangenheit nur Richtungen in der sogenannten Raumzeit – Richtungen wie oben und unten, links und rechts, vorwärts und rückwärts. In der Zeit kommt man nur in Richtung der Zukunft voran, *kann* sich aber doch in einem gewissen Winkel zu ihr bewegen. Deshalb ist es möglich, daß die Zeit verschieden rasch verstreicht.

Die spezielle Relativitätstheorie vereinigte Zeit und Raum. Doch noch immer waren beide ein statischer Hintergrund, vor dem die Ereignisse stattfanden. Man konnte sich auf verschiedenen Bahnen durch die Raumzeit bewegen, aber man vermochte durch nichts, was man tat, den Hintergrund von Raum und Zeit zu modifizieren. Indes, all dies veränderte sich grundlegend, als Einstein im Jahre 1915 die allgemeine Relativitätstheorie formulierte. Ausgangspunkt war die revolutionäre Idee, daß die Gravitation nicht nur eine Kraft ist, die vor dem statischen Hintergrund der Raumzeit wirkt. Vielmehr ist die Gravitation, so Einstein, eine *Verwerfung* der Raumzeit, hervorgerufen durch die in ihr enthaltene Materie und Energie. Objekte wie Kanonenkugeln und Planeten versuchen sich in gerader Linie durch die Raumzeit zu bewegen. Aber da die Raumzeit gekrümmt, verworfen, und nicht flach ist, scheinen ihre Bahnen gekrümmt zu sein. Die Erde versucht, sich in gerader Linie durch die Raumzeit zu bewegen. Doch die durch die Masse der Sonne hervorgerufene Krümmung der Raumzeit veranlaßt die Erde, die Sonne zu umkreisen. Genauso ist das Licht bestrebt, sich in gerader Linie fortzubewegen, aber die Raumzeitkrümmung in der Nähe der Sonne lenkt das Licht ferner Sterne ab, wenn die Bahn des Lichts nahe der Sonne verläuft. Normalerweise sind Sterne, die sich fast in Richtung der Sonne befinden, nicht zu sehen. Während einer Sonnenfinsternis jedoch, wenn der Mond den größten Teil des Sonnenlichts abfängt, kann man das Licht dieser Sterne beobachten. Einstein entwickelte seine allgemeine Relativitätstheorie während des Ersten Weltkriegs, als die Verhältnisse wissenschaftlichen Beobachtungen nicht sehr zuträglich waren, aber unmittelbar nach dem Krieg verfolgte eine britische Expedition in Westafrika die Sonnenfinsternis von 1919 und bestätigte die Vorhersagen der allgemeinen Relativitätstheorie: Die Raumzeit ist nicht flach, sondern durch die in ihr enthaltene Materie und Energie gekrümmt.

Das war Einsteins größter Triumph. Diese Entdeckung führte zu einem grundlegenden Wandel in unseren Vorstellungen über Zeit und Raum. Seither sind sie kein passiver Hintergrund mehr, vor dem die Ereignisse stattfinden. Für uns ist es undenkbar geworden, daß Raum und Zeit ewig ablaufen, unberührt von den Geschehnissen im Universum. Jetzt sind sie dynamische Größen, die die in ihnen stattfindenden Ereignisse beeinflussen und von ihnen beeinflußt werden.

Zu den wichtigen Eigenschaften von Masse und Energie gehört, daß sie immer positiv geladen sind. Deshalb zieht die Schwerkraft Körper stets zueinander hin. So fesselt beispielsweise die Erde ihre Bewohner mit der Schwerkraft an sich, auch auf der jeweils gegenüberliegenden Seite des Globus. Diesem Umstand verdanken es die Menschen in Australien, daß sie nicht kopfüber ins All stürzen. Entsprechend hält die Schwerkraft der Sonne die Planeten in ihren Umlaufbahnen und hindert die Erde daran, sich in der Dunkelheit des interstellaren Raums zu verlieren. Der Umstand, daß die Masse stets positiv ist, bedeutet nach der allgemeinen Relativitätstheorie, daß die Raumzeit sich nach innen krümmt, wie die Erdoberfläche. Wäre die Masse negativ, verliefe die Krümmung wie bei einem Sattel in entgegengesetzte Richtung. Diese positive Krümmung der Raumzeit, in der sich manifestiert, daß die Gravitation eine Anziehungskraft ist, empfand Einstein als großes Problem. Damals nahm man allgemein an, das Universum sei statisch, aber wenn der Raum und vor allem die Zeit in sich gekrümmt sind, wie kann dann das Universum, mehr oder weniger unverändert, auf ewig fortdauern?

Einsteins ursprüngliche Gleichungen der allgemeinen Relativitätstheorie sagten vorher, daß das Universum entweder expandiert oder sich zusammenzieht. Deshalb führte er einen weiteren Term in die Gleichungen ein, die die Masse und Energie im Universum mit der Krümmung der Raumzeit in Beziehung setzen. Diese sogenannte kosmologische Konstante hatte einen abstoßenden Gravitationseffekt. So war es möglich, die Massenanziehung der Materie durch die Abstoßung der kosmologischen Konstante auszugleichen. Mit anderen Worten, die negative Krümmung der Raumzeit, hervorgerufen durch die kosmologische Konstante, konnte die positive Krümmung aufheben, die durch die Masse und Energie im Universum hervorgerufen wird. Auf diese Weise ergab sich ein Modell des ewig im gleichen Zustand bleibenden Weltalls. Wäre Einstein bei seinen ursprünglichen Gleichungen geblieben, ohne die kosmologische Konstante einzuführen, hätte er die Expansion oder Kontraktion des Universums voraussagen können. So aber glaubte man allgemein an ein stationäres Weltall, bis 1929 Edwin Hubble entdeckte, daß sich ferne Galaxien von uns fortbewegen. Das Universum expandiert. Einstein hat den kosmologischen Term später «die größte Eselei meines Lebens» genannt.

Aber – ob mit oder ohne kosmologische Konstante – der Umstand, daß die Materie die Raumzeit veranlaßt, sich in sich selbst zu krümmen, blieb ein Problem, obwohl es nicht allgemein als solches erkannt wurde. Die Materie könnte nämlich eine Region der Raumzeit so stark in sich krümmen, daß sie praktisch vom Rest des Universums abgeschnitten wäre. Die Region würde zu einem Schwarzen Loch werden. Objekte könnten in ein Schwarzes Loch zwar hineinfallen, aber nicht aus ihm entweichen. Um herauszukommen, müßten sie sich rascher bewegen als das Licht, was die Relativitätstheorie verbietet. Damit wäre die Materie im Innern des Schwarzen Loches gefangen und würde zu einem unbekannten Zustand von sehr hoher Dichte kollabieren.

Einstein war von den Konsequenzen dieses Kollapses zutiefst beunruhigt und weigerte sich, daran zu glauben. Doch Robert Oppenheimer zeigte 1939, daß ein alter Stern von mehr als der doppelten Masse unserer Sonne unter allen Umständen in sich zusammenstürzen müßte, wenn er seinen Kernbrennstoff erschöpft hat. Dann kam der Krieg dazwischen. Oppenheimer wirkte beim Bau der amerikanischen Atombombe mit und verlor das Interesse am Gravitationskollaps. Andere Physiker interessierten sich mehr für Phänomene, die man auf der Erde untersuchen konnte. Sie mißtrauten Vorhersagen über Vorgänge in den Weiten des Universums, weil sie sich allem Anschein nach nicht durch Beobachtung überprüfen ließen. Doch als in den sechziger Jahren erhebliche Verbesserungen in Reichweite und Qualität der astronomischen Beobachtungstechniken erzielt wurden, lebte das Interesse am Gravitationskollaps und an der Anfangsphase des Universums wieder auf. Was Einsteins allgemeine Relativitätstheorie für solche Situationen genau vorhersagte, blieb unklar, bis Roger Penrose und ich eine Reihe von Theoremen bewiesen. Wie diese zeigten, folgt aus der Krümmung der Raumzeit, daß es Singularitäten gibt, Örter, an denen die Raumzeit einen Anfang oder ein Ende hat. Sie hat vor ungefähr fünfzehn Milliarden Jahren im Urknall begonnen und endet für jeden Stern, der kollabiert, und für alles, was in das aus dem Sternkollaps resultierende Schwarze Loch fällt.

Der Umstand, daß Einsteins allgemeine Relativitätstheorie

Singularitäten vorhersagte, löste eine Krise in der Physik aus. Die Gleichungen der allgemeinen Relativitätstheorie, die eine Relation zwischen der Krümmung der Raumzeit und der Verteilung von Masse und Energie herstellen, lassen sich an einer Singularität nicht definieren. Dies bedeutet, daß sie nicht vorhersagen können, was aus einer Singularität wird. Insbesondere kann die allgemeine Relativitätstheorie keine Angaben darüber machen, wie das Universum im Urknall beginnen könnte. Damit ist sie keine vollständige Theorie. Sie braucht eine Ergänzung, um zu bestimmen, wie das Universum begann und was geschieht, wenn Materie unter dem Einfluß ihrer eigenen Schwerkraft in sich zusammenfällt.

Die erforderliche Ergänzung scheint die Quantenmechanik zu sein. 1905, im gleichen Jahr, in dem Einstein seinen Aufsatz über die spezielle Relativitätstheorie schrieb, veröffentlichte er auch eine Arbeit über ein Phänomen, das man den Photoeffekt nennt. Man hatte beobachtet: Wenn Licht auf bestimmte Metalle trifft, werden geladene Teilchen abgestrahlt. Verblüffend war die Tatsache, daß bei einer Reduzierung der Lichtstärke sich zwar die Anzahl der emittierten Teilchen verringert, die Geschwindigkeit jedoch, mit der jedes Teilchen emittiert wird, gleich bleibt. Dies läßt sich, wie Einstein zeigte, dadurch erklären, daß das Licht nicht in kontinuierlich schwankenden Mengen eintrifft, wie jeder damals annahm, sondern in Paketen von bestimmter Größe. Die Idee, daß Licht nur in Paketen abgestrahlt wird, sogenannten Quanten, war einige Jahre zuvor von Max Planck vorgebracht worden. Der Gedanke ähnelt ein wenig der Feststellung, man könne Zucker im Supermarkt nicht lose kaufen, sondern nur in Kilotüten. Mit Hilfe des Quantenkonzepts hatte Planck erklärt, warum ein rotglühendes Metallstück nicht eine unendliche Wärmemenge abgibt, aber er hielt die Quanten nur für einen theoretischen Trick, der nichts mit der physikalischen Wirklichkeit zu tun hat. Doch Einstein zeigte in seinem Aufsatz, daß man einzelne Quanten direkt beobachten kann. Jedes emittierte Teilchen entspricht einem Lichtquantum, welches auf das Metall trifft. Man hat dieser Erkenntnis weithin große Bedeutung für die Quantentheorie zugeschrieben, und Einstein erhielt 1922 für sie den Nobelpreis. (Eigentlich hätte er diesen Preis für die allgemeine Relativitätstheorie bekommen müssen, doch die Vorstellung, Raum und Zeit seien gekrümmt, galt noch als zu spekulativ und umstritten. So erkannte man ihm den Preis für Arbeit über den Photoeffekt zu – die sicherlich auch einen Nobelpreis wert ist.)

Die volle Bedeutung des Photoeffekts erkannte man erst 1925, als Werner Heisenberg darlegte, daß es infolge dieses Effekts unmöglich sei, den Ort eines Teilchens genau zu messen. Um zu erkennen, was es mit einem Teilchen auf sich hat, muß man es mit Licht bestrahlen. Nun hatte Einstein gezeigt, daß sich dazu nicht beliebig kleine Lichtmengen verwenden lassen; man braucht mindestens ein Paket oder Quantum. Ein solches Lichtpaket wirkt aber auf das Teilchen ein und veranlaßt es, sich mit irgendeiner Geschwindigkeit in irgendeine Richtung zu bewegen. Je genauer man den Ort des Teilchens messen möchte, desto mehr Energie muß man aufwenden und desto stärker wird man folglich das Teilchen stören. Wie auch immer man das Teilchen zu messen versucht – das Produkt aus der Unbestimmtheit seines Ortes und der Unbestimmtheit seiner Geschwindigkeit wird immer größer sein als ein bestimmter Minimalwert.

Dieses Heisenbergsche Unbestimmtheitsprinzip, auch Unschärferelation genannt, zeigt, daß man den Zustand eines Systems nicht exakt messen kann. Folglich läßt sich nicht genau vorhersagen, wie es sich in der Zukunft verhalten wird. Nur die Wahrscheinlichkeiten verschiedener Ergebnisse kann man vorhersagen. Dieses Zufallselement hat Einstein sehr beunruhigt. Er weigerte sich zu glauben, daß es physikalische Gesetze gibt, die keine klare, eindeutige Aussage über künftige Ereignisse machen. Doch wie man es auch wendet, alle Anhaltspunkte sprechen dafür, daß das Quantenphänomen und das Unbestimmtheitsprinzip unvermeidlich sind und in allen Bereichen der Physik auftreten.

Einsteins allgemeine Relativitätstheorie gehört zu den sogenannten klassischen Theorien. Das heißt, sie kommt ohne das Unbestimmtheitsprinzip aus. Deshalb gilt es, eine neue Theorie zu entwickeln, die die allgemeine Relativitätstheorie mit dem Unbestimmtheitsprinzip verbindet. In den meisten Situationen wird der Unterschied zwischen dieser neuen Theorie und der klassischen allgemeinen Relativität sehr gering sein, denn die auf Quanteneffekte zurückzuführende Unbestimmtheit ist, wie erwähnt, nur in sehr kleinen Größenordnungen gültig, während die allgemeine Relativitätstheorie die großräumige Struktur der Raumzeit beschreibt. Nun zeigen aber die von Roger Penrose und mir bewiesenen Singularitätstheoreme, daß sich die Raumzeit auch in sehr kleinen Größenordnungen extrem krümmen kann. In diesen Fällen spielen die Effekte des Unbestimmtheitsprinzips eine entscheidende Rolle und scheinen zu bemerkenswerten Resultaten zu führen.

Zum Teil erwuchsen Einsteins Probleme mit der Quantenmechanik und dem Unbestimmtheitsprinzip aus dem Umstand, daß er von der normalen, alltäglichen Vorstellung ausging, der zufolge ein System eine bestimmte Geschichte hat. Ein Teilchen befindet sich danach entweder an diesem oder an einem anderen Ort. Es kann nicht halb an diesem und halb an jenem sein. Genauso hat ein Ereignis, etwa die Landung von Astronauten auf dem Mond, entweder stattgefunden oder nicht. Es kann nicht halb stattgefunden haben, genausowenig wie man ein bißchen tot oder ein bißchen schwanger sein kann. Man ist es oder man ist es nicht. Doch wenn ein System eine einzige eindeutige Geschichte hat, führt das Unbestimmtheitsprinzip zu allen möglichen Paradoxa, wie Teilchen, die an zwei Orten zugleich, oder Astronauten, die nur halb auf dem Mond sind.

Eine elegante Methode, diese für Einstein so beunruhigenden Paradoxa zu vermeiden, hat der amerikanische Physiker Richard Feynman vorgeschlagen. Feynman machte sich 1948 mit seinen Arbeiten über die Quantentheorie des Lichts einen Namen. 1965 erhielt er zusammen mit seinem Landsmann Julian Schwinger und dem japanischen Physiker Shinichiro Tomonaga den Nobelpreis. Er war wie Einstein Physiker mit Leib und Seele. Pomp und Getue waren ihm verhaßt. So trat er aus der National Academy of Sciences mit der Begründung aus, man sei dort vor allem damit beschäftigt zu entscheiden, wer in die Akademie aufgenommen werden solle und wer nicht. Feynman, der 1988 starb, bleibt dank seiner vielen wichtigen Arbeiten auf dem Gebiet der theoretischen Physik unvergessen. Dazu gehören auch die Diagramme, die seinen Namen tragen und die Grundlage für fast jede Berechnung in der Teilchenphysik sind. Ein noch wichtigerer Beitrag jedoch war seine Pfadintegralmethode, das Konzept der Aufsummierung von Möglichkeiten. Danach hat ein System nicht nur eine einzige Geschichte in der Raumzeit, wie man es normalerweise in einer klassischen, nichtquantenmechanischen Theorie annähme, sondern jede Geschichte, die möglich ist. Stellen wir uns beispielsweise ein Teilchen vor, das sich in einem bestimmten Moment an einem Punkt A befunden hat. Normalerweise ginge man davon aus, daß es sich in gerader Linie von A fortbewegt. Doch nach der Pfadintegralmethode könnte es sich auf *jedem* in A beginnenden Weg bewegen. Es gleicht dem Geschehen, das zu beobachten ist, wenn man einen Tropfen Tinte auf ein Stück Löschpapier fallen läßt. Die Tintenteilchen breiten sich auf jedem möglichen Weg durch das Löschpapier aus. Selbst wenn man die gerade Linie zwischen zwei Punkten unterbricht, indem man das Papier einschneidet, wird die Tinte weiterkriechen.

Jedem Weg, jeder Geschichte des Teilchens ist eine Zahl zugeordnet, die von der Form des Weges abhängt. Die Wahrscheinlichkeit, daß sich das Teilchen von A nach B bewegt, ergibt sich aus der Summe der Zahlen, die mit allen das Teilchen von A nach B befördernden Wegen verknüpft sind. Bei den meisten Wegen werden sich die ihnen zugeordneten Zahlen mit den Zahlen nahegelegener Wege nahezu aufheben. Ihr Beitrag zur Wahrscheinlichkeit, daß das Teilchen von A nach B gelangt, bleibt also gering. Dagegen addieren sich die Zahlen gerader Wege mit den Zahlen von Wegen, die fast gerade sind. Den Hauptbeitrag zur Wahrscheinlichkeit liefern also Wege, die gerade oder fast gerade sind. Deshalb sieht die Spur eines Teilchens, das sich durch eine Blasenkammer bewegt, fast gerade aus. Doch wenn man dem Teilchen eine Art Wand mit einem Spalt in den Weg stellt, können sich die Pfade des Teilchens jenseits des Spalts ausbreiten. Die Wahrscheinlichkeit kann groß sein, das Teilchen dahinter abseits des direkten Weges durch den Spalt vorzufinden.

1973 begann ich zu untersuchen, welche Auswirkung das Unbestimmtheitsprinzip auf ein Teilchen in der gekrümmten Raumzeit nahe einem Schwarzen Loch hätte. Erstaunlicherweise stellte ich fest, daß das Schwarze Loch nicht vollständig schwarz wäre. Das Unbestimmtheitsprinzip würde Teilchen und Strahlung gestatten, dem Schwarzen Loch in stetiger Rate zu entweichen. Mit diesem Ergebnis hatte weder ich noch irgend jemand anders gerechnet, und deshalb begegnete man ihm zunächst mit allgemeiner Skepsis. Ein Schwarzes Loch ist eine Raumregion, aus der kein Entkommen möglich ist, wenn man sich mit einer geringeren Geschwindigkeit als der des Lichtes fortbewegt. Doch nach Feynmans Aufsummierung von Möglichkeiten können Teilchen *jeden* Weg durch die Raumzeit nehmen. Damit kann sich ein Teilchen auch schneller als das Licht bewegen. Die Wahrscheinlichkeit, daß es sich über eine weite Distanz mit höherer Geschwindigkeit als das Licht bewegt, ist gering, aber es kann gerade lange genug die Lichtgeschwindigkeit überschreiten, um aus dem Schwarzen Loch zu entweichen – dann wird es wieder langsamer. Auf diese Weise gestattet das Unbestimmtheitsprinzip einigen Teilchen, aus einem Schwarzen Loch zu entkommen, das also doch kein so ausbruchsicheres Gefängnis zu sein scheint, wie man bis dahin angenommen hatte. Die Wahrscheinlichkeit, daß ein Teilchen aus einem Schwarzen Loch von der Masse unserer Sonne entweicht, ist sehr gering, weil das Teilchen sich über mehrere Kilometer schneller als das Licht bewegen müßte. Doch möglicherweise gibt es beträchtlich kleinere Schwarze Löcher, die sich im sehr frühen Universum gebildet haben. Solche urzeitlichen Schwarzen Löcher könnten kleiner als ein Atomkern sein, ihre Masse betrüge indessen hundert Milliarden Tonnen, was etwa der Masse des Fudschijama entspricht. Es könnte soviel Energie wie ein großes Kraftwerk abgeben. Dazu müßte man allerdings eines dieser kleinen Schwarzen Löcher entdecken und seine Energie nutzbar machen können! Leider scheint es im Universum nicht allzu viele zu geben.

Die Vorhersage, daß Schwarze Löcher Strahlung abgeben, war das erste nichttriviale Ergebnis aus der Vereinigung der Einsteinschen Relativitätstheorie mit dem Quantenprinzip. Sie zeigte, daß der Gravitationskollaps nicht die Sackgasse ist, für die man ihn bisher gehalten hatte. Die Teilchen in einem Schwarzen Loch müssen ihre Geschichten nicht an einer Singularität beenden, sondern können aus dem Loch entkommen und ihre Geschichten draußen fortsetzen. Vielleicht wird sich aus dem Quantenprinzip auch ergeben, daß die Geschichten nicht zwangsläufig einen Anfang in der Zeit, einen Schöpfungspunkt im Urknall haben müssen.

Diese Frage ist allerdings sehr viel schwerer zu beantworten, weil dazu das Quantenprinzip auf die Struktur von Raum und Zeit selbst und nicht nur auf Teilchenwege in einem gegebenen

Raumzeithintergrund anzuwenden ist. Erforderlich ist eine Methode, mit der sich die Aufsummierung von Möglichkeiten nicht nur für Teilchen, sondern auch für das gesamte Gefüge von Raum und Zeit vornehmen läßt. Noch können wir diese Aufsummierung nicht einwandfrei ausführen, aber wir kennen bestimmte Eigenschaften, die sie haben müßte. So wissen wir unter anderem, daß es leichter ist, die Geschichten in der sogenannten imaginären Zeit aufzusummieren als in der normalen, realen Zeit. Die imaginäre Zeit ist ein schwieriger Begriff, der den Lesern meines Buches wohl die meisten Probleme bereitet hat. Auch die Philosophen sind deswegen hart mit mir ins Gericht gegangen. Wie kann die imaginäre Zeit, argumentierten sie, das geringste mit dem realen Universum zu tun haben? Ich glaube, diese Philosophen haben nichts aus der Geschichte gelernt. Einst hielt man es für selbstverständlich, daß die Erde flach sei und die Sonne die Erde umkreise. Doch seit der Zeit von Kopernikus und Galilei müssen wir uns mit dem Gedanken abfinden, daß die Erde rund ist und sich um die Sonne bewegt. Für ebenso selbstverständlich hielt man es, daß die Zeit für jeden Beobachter gleich schnell oder langsam verstreicht. Doch seit Einstein sind wir zum Umdenken gezwungen: Die Zeit verstreicht für verschiedene Beobachter verschieden rasch. Unbestritten schien auch zu sein, daß das Universum nur eine einzige Geschichte hat. Doch seit der Entdeckung der Quantenphysik müssen wir davon ausgehen, daß es jede mögliche Geschichte hat. Ich möchte damit deutlich machen, daß die imaginäre Zeit ein Begriff ist, mit dem wir uns ebenfalls werden abfinden müssen. Es ist ein geistiger Sprung von der gleichen Art wie die Erkenntnis, daß die Erde rund ist. Eines Tages werden wir die imaginäre Zeit für ebenso selbstverständlich halten wie heute die Rundung der Erde. In der zivilisierten Welt gibt es nicht mehr viele, die die Erde als Scheibe betrachten.

Die normale, reale Zeit kann man sich als horizontale Linie vorstellen, die von links nach rechts verläuft. Frühe Zeiten befinden sich links, späte Zeiten rechts. Man kann sich aber auch eine andere Zeitrichtung vorstellen – von oben nach unten auf der vor Ihnen liegenden Seite. Dies ist die sogenannte imaginäre Zeitrichtung, die rechtwinklig zur realen Zeit verläuft.

Welchen Vorteil hat es, das Konzept der imaginären Zeit einzuführen? Warum können wir nicht bei der normalen, realen Zeit bleiben, die wir verstehen? Der Grund ist, daß Materie und Energie, wie erwähnt, die Raumzeit in sich krümmen. In der realen Zeitrichtung führt das unvermeidlich zu Singularitäten, Örtern, an denen die Raumzeit endet. An Singularitäten lassen sich die Gleichungen der Physik nicht definieren, so daß man nicht vorhersagen kann, was geschehen wird. Die imaginäre Zeitrichtung hingegen verläuft rechtwinklig zur realen Zeit. Das heißt, sie verhält sich auch in gleicher Weise zu den drei Richtungen, die einer Bewegung im Raum entsprechen. Die Raumzeitkrümmung, die durch die Materie im Universum hervorgerufen wird, kann unter diesen Bedingungen dazu führen, daß sich die drei Raumrichtungen und die imaginäre Zeitrichtung auf der Rückseite treffen, so daß sie eine geschlossene Fläche wie die Erdoberfläche bilden. Die drei Raumrichtungen und die imaginäre Zeit würden eine Raumzeit bilden, die, ohne Grenzen und Ränder, in sich geschlossen wäre. Sie hätte keinen Punkt, den man Anfang oder Ende nennen könnte, sowenig wie die Oberfläche der Erde einen Anfang oder ein Ende hat.

1983 haben Jim Hartle und ich vorgeschlagen, die Aufsummierung von Möglichkeiten für das Universum nicht mit Geschichten in der realen Zeit, sondern mit Geschichten in der imaginären Zeit vorzunehmen – mit Geschichten, die in sich geschlossen sind wie die Oberfläche der Erde. Da diese Geschichten ohne Singularitäten, ohne Anfang und Ende sind, wird alles, was in ihnen vorgeht, vollständig von den Gesetzen der Physik bestimmt. Das heißt, was in der imaginären Zeit geschieht, läßt sich berechnen. Und wenn man die Geschichte des Universums in der imaginären Zeit kennt, kann man berechnen, wie es sich in der realen Zeit verhält. Folglich kann man hoffen, auf diese Weise eine vollständige, vereinheitlichte Theorie zu erhalten, die alles im Universum vorhersagen kann. Einstein hat seine letzten Lebensjahre damit verbracht, nach einer solchen Theorie zu suchen. Er hat sie nicht entdeckt, weil er der Quantenmechanik mißtraute. Er mochte sich nicht damit abfinden, daß das Universum möglicherweise viele alternative Geschichten hat, wie es in der Aufsummierung von Möglichkeiten der Fall ist. Noch sind wir nicht in der Lage, die Aufsummierung von Möglichkeiten in geeigneter Weise für das Universum vorzunehmen, aber wir können ziemlich sicher sein, daß die imaginäre Zeit und die Vorstellung einer in sich geschlossenen Raumzeit dazugehören werden. Ich glaube, diese Konzepte werden der nächsten Generation so natürlich erscheinen wie uns die Vorstellung, daß die Erde rund ist. In Science-fiction-Romanen ist die imaginäre Zeit schon heute ein Allgemeinplatz. Aber sie ist mehr als Science-fiction oder ein mathematischer Trick. Sie verleiht dem Universum, in dem wir leben, seine Gestalt.

Der Ursprung des Universums *

Die Frage nach dem Ursprung des Universums erinnert ein bißchen an das alte Problem: Was war zuerst da, das Huhn oder das Ei? Mit anderen Worten, welche Instanz hat das Universum erschaffen, und wer oder was hat diese Instanz erschaffen? Vielleicht gibt es das Universum – oder die Instanz, die es geschaffen hat – schon ewig, und es mußte gar nicht erschaffen werden? Bis in jüngste Zeit sind Wissenschaftler solchen Fragen ausgewichen, weil sie meinten, sie gehörten eher in den Bereich der Metaphysik oder Religion als in den der Wissenschaft. Doch in den letzten Jahren hat sich herausgestellt, daß die Naturgesetze möglicherweise auch für den Anfang des Universums gültig sind. In diesem Falle wäre das Universum in sich geschlossen und vollständig von den Naturgesetzen bestimmt.

Die Auseinandersetzung, ob und wie das Universum angefangen hat, zieht sich durch die ganze bekannte Geschichte. Prinzi-

* Vortrag, gehalten im Juni 1987 bei der Tagung «Dreihundert Jahre Gravitation» in Cambridge anläßlich des dreihundertsten Jahrestages der Veröffentlichung von Newtons ‹*Principia*›.

piell gab es zwei Auffassungen. Viele frühe Überlieferungen, so auch die jüdische, christliche und islamische Religion, lehrten, daß das Universum in relativ junger Vergangenheit erschaffen wurde. (So errechnete Bischof Usher im siebzehnten Jahrhundert als Schöpfungszeitpunkt das Jahr 4004 v. Chr., indem er die Lebensalter der Menschen im Alten Testament addierte.) Für einen Ursprung, der noch nicht lange zurückliegt, hat man die Überlegung ins Feld geführt, daß die Menschheit offensichtlich eine kulturelle und technische Entwicklung durchläuft. Wir wissen noch, wer diese Tat vollbracht und jene Technik entwickelt hat. Deshalb, so die Argumentation, kann es uns noch nicht allzu lange geben, sonst hätten wir bereits größere Fortschritte erzielt. Und so ist der biblische Schöpfungszeitpunkt nicht weit vom Ende der letzten Eiszeit entfernt, dem Moment, da der moderne Mensch offenbar zum erstenmal in Erscheinung getreten ist.

Anderen, wie zum Beispiel dem griechischen Philosophen Aristoteles, mißfiel die Idee, das Universum habe einen Anfang gehabt. Das setze göttliche Intervention voraus, meinten sie und hielten sich lieber an die Vorstellung, das Universum existiere seit ewigen Zeiten und werde endlos fortdauern. Etwas von ewiger Dauer war in ihren Augen vollkommener als ein Gebilde, das hatte erschaffen werden müssen. Sie hatten auch eine Antwort auf das erwähnte Argument, welches sich auf den menschlichen Fortschritt beruft: Es habe immer wieder Überschwemmungen und andere Naturkatastrophen gegeben, die die Menschen gezwungen hätten, stets von vorn anzufangen.

Nach beiden Auffassungen wäre das Universum mehr oder weniger unveränderlich in der Zeit. Entweder wäre es in seiner gegenwärtigen Form erschaffen worden, oder es überdauerte seit ewigen Zeiten in seiner heutigen Gestalt. Das ist eine naheliegende Annahme, da das menschliche Leben – ja die gesamte überlieferte Entwicklungsgeschichte – erst seit so kurzer Zeit existiert, daß sich das Universum in diesen Perioden kaum verändert hat. In einem statischen, unveränderlichen Universum gehört die Frage, ob es seit jeher existiert oder ob es zu einem bestimmten Zeitpunkt erschaffen wurde, tatsächlich in die Metaphysik oder Religion. Beide könnten ein solches Universum erklären. So hat der Philosoph Immanuel Kant 1781 ein umfangreiches und schwer verständliches Werk veröffentlicht, ‹*Die Kritik der reinen Vernunft*›, in dem er zu dem Schluß gelangt, es gebe ebenso überzeugende Argumente für die Annahme, das Universum habe einen Anfang, wie für die gegenteilige Überzeugung. Wie aus dem Titel ersichtlich, stützte er sich in seinen Schlußfolgerungen ausschließlich auf die Vernunft, mit anderen Worten, er ließ jegliche empirische Himmelsbeobachtung unberücksichtigt. Was sollte es auch in einem unveränderlichen Universum zu beobachten geben?

Im 19. Jahrhundert häuften sich jedoch die Hinweise dafür, daß die Erde und der Rest des Universums sich mit der Zeit verändern. Außerdem stellten Geologen fest, daß die Gesteinsarten und die in ihnen enthaltenen Fossilien Hunderte oder Tausende von Jahrmillionen zu ihrer Bildung gebraucht haben müssen. Das übertraf das von den Anhängern der Schöpfungslehre errechnete Alter der Erde bei weitem. Der von dem österreichischen Physiker Ludwig Boltzmann entwickelte Zweite Hauptsatz der Thermodynamik lieferte weitere Anhaltspunkte. Ihm zufolge wächst die Gesamtmenge der Unordnung im Universum (gemessen durch eine Größe, die man als Entropie bezeichnet) mit der Zeit stets an. Daraus folgt – wie aus dem Argument, das auf den menschlichen Fortschritt verweist –, daß das Universum nur seit endlicher Zeit existieren kann. Sonst müßte es inzwischen in einen Zustand vollständiger Unordnung verfallen sein, in dem alles die gleiche Temperatur hätte.

Man hatte noch eine weitere Schwierigkeit mit dem Konzept des statischen Universums: Nach Newtons Gravitationsgesetz müßte jeder Stern im Universum von jedem anderen Stern angezogen werden. Wie können sie dann bewegungslos in gleicher Entfernung voneinander verharren? Müßten sie nicht alle aufeinander zustürzen?

Newton war sich dieses Problems bewußt. In einem Brief an Richard Bentley, einen führenden Philosophen jener Zeit, räumte er ein, daß eine *endliche* Anzahl von Sternen nicht bewegungslos bleiben könnte: Sie würden in einem zentral gelegenen Punkt zusammenfallen. Doch eine unendliche Anzahl von Sternen, so meinte er, fiele nicht zusammen, denn es gäbe keinen Mittelpunkt, auf den sie sich zubewegen könnten. Dieses Argument ist ein Beispiel für die Fallen, in die man tappen kann, wenn man über unendliche Systeme spricht. Je nachdem, wie man die Kräfte addiert, die auf jeden Stern von den unendlich vielen anderen Sternen im Universum ausgeübt werden, wird man zu unterschiedlichen Antworten auf die Frage kommen, ob die Sterne in konstanter Entfernung voneinander verharren können. Wir wissen heute, daß das richtige Verfahren darin besteht, zunächst eine *endliche* Region von Sternen zu betrachten und dann immer weitere Sterne hinzuzufügen, die außerhalb dieser Region in etwa gleichförmig verteilt sind. Eine endliche Anzahl von Sternen wird in sich zusammenstürzen. Nach Newtons Gravitationsgesetz kann man außerhalb der Region beliebig viele Sterne hinzufügen, ohne dadurch den Kollaps aufzuhalten. Folglich kann eine unendliche Anzahl von Sternen nicht in einem bewegungslosen Zustand verharren. Wenn sie sich zu einem gegebenen Zeitpunkt nicht relativ zueinander bewegen, wird die Anziehungskraft zwischen ihnen dazu führen, daß sie aufeinander zufallen. Sie könnten sich aber auch voneinander fortbewegen, wobei die Schwerkraft ihre Fluchtgeschwindigkeit allmählich verlangsamen würde.

Trotz der Schwierigkeiten, die das Konzept eines statischen und unveränderlichen Universums bereitete, kam im siebzehnten, achtzehnten, neunzehnten bis zum Beginn des zwanzigsten

Jahrhunderts niemand auf die Idee, das Universum könnte sich mit der Zeit entwickeln. Sowohl Newton als auch Einstein verpaßten die Chance vorherzusagen, daß das Universum sich entweder zusammenzieht oder ausdehnt. Newton kann man kaum einen Vorwurf daraus machen – er lebte zweihundertfünfzig Jahre vor der aus Beobachtungen resultierenden Entdeckung, daß das Universum expandiert. Doch Einstein hätte es besser wissen müssen. Die 1915 aufgestellte allgemeine Relativitätstheorie sagte die Expansion des Weltalls vorher. Doch Einstein war so von der statischen Natur des Universums überzeugt, daß er seiner Theorie einen Term hinzufügte, um sie mit Newtons Theorie zu versöhnen und die Schwerkraft auszugleichen.

Als Edwin Hubble 1929 die Expansion des Universums entdeckte, erhielt die Diskussion über dessen Ursprung eine ganz andere Richtung. Wenn man vom gegenwärtigen Zustand der Galaxien ausgeht und ihn in der Zeit rückwärts laufen läßt, scheint es, als hätten sich die Galaxien zu einem bestimmten Zeitpunkt, vor zehn bis zwanzig Milliarden Jahren, alle übereinandergetürmt. Zu diesem Zeitpunkt, einer Singularität, die wir als Urknall bezeichnen, müßten die Dichte des Universums und die Krümmung der Raumzeit unendlich gewesen sein. Unter solchen Bedingungen würden alle bekannten Naturgesetze ihre Gültigkeit verlieren. Das wäre eine Katastrophe für die Wissenschaft, denn es würde bedeuten, daß die Wissenschaft allein keine Aussage über den Anfang des Universums machen könnte. Sie könnte nur feststellen: Das Universum ist, wie es jetzt ist, weil es war, wie es damals war. Aber sie könnte nicht erklären, warum es so war, wie es damals, das heißt kurz nach dem Urknall gewesen ist.

Natürlich fanden viele Wissenschaftler diese Konsequenz unbefriedigend. Deshalb wurden verschiedene Versuche unternommen, den Urknall zu umgehen. Einer war die sogenannte Steady-state-Theorie, die besagt, daß bei der Fluchtbewegung der Galaxien in den Räumen zwischen ihnen ständig neue Materie entsteht, aus der sich neue Galaxien bilden. Das Universum hat dieser Theorie zufolge seit jeher weitgehend in seinem heutigen Zustand existiert und wird ewig im gleichen Zustand wie heute fortdauern.

Das Steady-state-Modell erforderte eine Modifikation der allgemeinen Relativitätstheorie, sonst wäre die Annahme, daß das Universum ständig expandiert und neue Materie erzeugt, nicht haltbar gewesen. Die notwendige Erzeugungsrate war sehr gering: ungefähr ein Teilchen pro Kubikkilometer im Jahr, was den Beobachtungsdaten nicht widersprochen hätte. Ferner sagte die Theorie vorher, daß die durchschnittliche Dichte der Galaxien und ähnlicher Objekte sowohl im Raum als auch in der Zeit konstant sein müsse. Bei einer Untersuchung von Radioquellen außerhalb unserer Galaxis kamen Martin Ryle und seine Arbeitsgruppe in Cambridge jedoch zu dem Ergebnis, daß es viel mehr schwache als starke Quellen gibt. Es wäre im Mittel zu erwarten, daß die schwachen Quellen sich in größerer Entfernung befinden, woraus sich zwei Möglichkeiten ergeben: Entweder leben wir in einer Region des Universums, in dem die Häufigkeit starker Quellen unter dem Durchschnitt liegt, oder die Dichte der Quellen war in der Vergangenheit größer, als das Licht von den ferneren Quellen zu seiner Reise zu uns aufbrach. Keine dieser Möglichkeiten vertrug sich mit der Vorhersage der Steady-state-Theorie, nach der die Dichte der Radioquellen in Raum und Zeit hätte konstant sein müssen. Das endgültige Aus für die Theorie kam 1965, als Arno Penzias und Robert Wilson eine Mikrowellen-Hintergrundstrahlung entdeckten, die aus Regionen weit jenseits unserer Galaxis kommt. Sie hat das charakteristische Spektrum einer Schwarzkörperstrahlung, deren Temperatur bei 2,7 Grad über dem absoluten Nullpunkt liegt. Das Universum ist ein kalter, dunkler Ort! Die Steady-state-Theorie bot keinen akzeptablen Mechanismus, der Mikrowellen mit einem solchen Spektrum hätte hervorbringen können. Deshalb mußte die Theorie aufgegeben werden.

Eine andere Theorie zur Vermeidung einer Urknallsingularität wurde 1963 von den beiden Russen Jewgenij Lifschitz und Isaak Chalatnikow vorgeschlagen. Ein Zustand unendlicher Dichte könnte nur eintreten, argumentierten sie, wenn die Galaxien sich direkt aufeinander zu oder voneinander fort bewegten. Nur dann träfen sie sich alle in einem einzigen Punkt der Vergangenheit. Doch sei zu erwarten, daß die Galaxien auch kleine seitliche Geschwindigkeiten hätten, und dies würde es ermöglichen, daß es vorher eine Kontraktionsphase des Universums gegeben habe, in der es den Galaxien irgendwie gelungen sei, sehr nahe aneinanderzurücken und doch einen Zusammenprall zu vermeiden. Das Universum habe sich dann wieder ausgedehnt, ohne einen Zustand unendlicher Dichte zu durchlaufen.

Als Lifschitz und Chalatnikow ihre Hypothese vorbrachten, war ich «research student» und suchte nach einem Dissertationsthema. Ich interessierte mich für die Frage, ob es eine Urknallsingularität gegeben hat, weil sie von entscheidender Bedeutung ist, will man den Ursprung des Universums verstehen. Zusammen mit Roger Penrose entwickelte ich eine Reihe neuer mathematischer Verfahren zum Umgang mit diesem und ähnlichen Problemen. Wir wiesen nach, daß jedes vernünftige Modell des Universums mit einer Singularität beginnen muß, wenn die allgemeine Relativitätstheorie richtig ist. In diesem Falle könnte die Wissenschaft die Aussage machen, daß das Universum einen Anfang gehabt haben muß, sie könnte aber nicht vorhersagen, *wie* dieser Anfang ausgesehen hätte. Dazu müßte man den lieben Gott herbeibemühen.

Es war interessant zu beobachten, wie sich die Meinung über Singularitäten im Laufe der Zeit verändert hat. Als ich Student war, hat sie fast niemand ernst genommen. Infolge der Singularitätstheoreme glaubt nun fast jeder, das Universum habe mit einer Singularität begonnen, an der die Gesetze der Physik ihre Gültigkeit verlieren. Dagegen bin ich heute der Meinung, es hat zwar eine Singularität gegeben – und dennoch bestimmen die physikalischen Gesetze, wie das Universum begonnen hat.

Die allgemeine Relativitätstheorie ist eine sogenannte klassische Theorie. Das heißt, sie berücksichtigt nicht, daß Teilchen keine genau definierten Örter und Geschwindigkeiten besitzen, sondern infolge des Unbestimmtheitsprinzips – der Unschärferelation – der Quantenmechanik über eine kleine Region «verschmiert» sind, wodurch es uns nicht möglich ist, den Ort und die Geschwindigkeit gleichzeitig zu messen. Das spielt in gewöhnlichen Situationen keine Rolle, weil der Radius der Raumzeitkrümmung im Verhältnis zur Unbestimmtheit in der Position eines Teilchens sehr groß ist. Doch die Singularitätstheoreme lassen darauf schließen, daß die Raumzeit am Anfang der Expansionsphase, die das Universum gegenwärtig durchläuft, einen sehr kleinen Krümmungsradius hatte. In dieser Situation ist das Unbestimmtheitsprinzip von großer Bedeutung. So beschwört die allgemeine Relativitätstheorie das eigene Scheitern herauf, indem sie Singularitäten vorhersagt. Um den Anfang des Universums untersuchen zu können, brauchen wir eine Theorie, die allgemeine Relativität und Quantenmechanik verbindet.

Das ist die Quantengravitation. Noch wissen wir nicht genau, wie eine korrekte Theorie der Quantengravitation aussehen müßte. Der beste Kandidat, den wir im Augenblick haben, ist die Superstring-Theorie, die aber noch eine Menge ungelöster Schwierigkeiten aufweist. Doch bestimmte Eigenschaften darf man von jeder brauchbaren Theorie erwarten. Zu ihnen gehört Einsteins Idee, daß die Gravitationseffekte sich durch eine Raumzeit darstellen lassen, die durch die in ihr enthaltene Materie und Energie gekrümmt oder verzerrt ist. In diesem gekrümmten Raum versuchen Objekte Bahnen zu folgen, die einer Geraden so nahe wie möglich kommen. Doch infolge der Verwerfungen scheinen ihre Bahnen gekrümmt zu sein, als seien sie dem Einfluß eines Gravitationsfeldes unterworfen.

Ein weiteres Element, das wir in der endgültigen Theorie erwarten dürfen, ist Richard Feynmans Vorschlag, die Quantentheorie als Aufsummierung von Möglichkeiten zu formulieren. Das heißt, sehr einfach ausgedrückt, daß jedes Teilchen in der Raumzeit jeden möglichen Weg beziehungsweise jede mögliche Geschichte hat. Jedem Weg, jeder Geschichte kommt ihrerseits eine Wahrscheinlichkeit zu, die von der Form des Weges abhängt. Allerdings läßt sich dieses Konzept nur anwenden, wenn man Geschichten wählt, die in der imaginären Zeit stattfinden und nicht in der realen Zeit, in der wir uns selbst wahrnehmen. Imaginäre Zeit mag sich ein wenig nach Science-fiction anhören, aber sie ist ein genau definierter mathematischer Terminus. Man kann sie sich in gewisser Weise als eine Zeitrichtung vorstellen, die rechtwinklig zur realen Zeit verläuft. Die Wahrscheinlichkeiten aller Teilchengeschichten mit bestimmten Eigenschaften, etwa daß sie zu bestimmten Zeitpunkten bestimmte Örter passieren, werden aufsummiert. Das Ergebnis muß dann auf die reale Raumzeit, in der wir leben, rückextrapoliert werden. Dies ist nicht gerade ein vertrautes Verfahren in der Quantentheorie, führt aber zu den gleichen Ergebnissen wie andere Methoden.

Im Falle der Quantengravitation würde Feynmans Idee einer Aufsummierung von Möglichkeiten bedeuten, daß man verschiedene mögliche Geschichten für das Universum aufsummiert, das heißt verschiedene gekrümmte Raumzeiten. Diese würden die Geschichte des Universums und aller in ihm enthaltenen Objekte repräsentieren. Dabei müßte man angeben, welche Klasse möglicher gekrümmter Räume in die Aufsummierung von Möglichkeiten einbezogen werden soll. Von der Wahl dieser Klasse von Räumen hinge ab, in welchem Zustand sich das Universum befindet. Wenn die Klasse von gekrümmten Räumen, die den Zustand des Universums definiert, Räume mit Singularitäten einbezöge, würden die Wahrscheinlichkeiten solcher Räume von der Theorie nicht bestimmt, sondern müßten auf irgendeine willkürliche Art zugeordnet werden. Das heißt, die Wissenschaft könnte die Wahrscheinlichkeiten für solche singulären Geschichten der Raumzeit nicht vorhersagen. Ihr wäre es also nicht möglich vorherzusagen, wie sich das Universum verhält. Doch möglicherweise ist der Zustand, in dem sich das Universum befindet, durch eine Summe definiert, die nur nichtsinguläre gekrümmte Räume einschließt. In diesem Falle würden die Naturgesetze das Universum vollständig bestimmen. Um festzulegen, wie es begonnen hat, müßte man nicht mehr auf eine Instanz außerhalb des Universums rekurrieren. In gewisser Weise ähnelt der Versuch, den Zustand des Universums durch eine Aufsummierung von ausschließlich nichtsingulären Geschichten zu bestimmen, den Bemühungen eines Betrunkenen, der seinen Schlüssel unter einer Laterne sucht: Dort hat er ihn möglicherweise nicht verloren, aber es ist der einzige Ort, an dem er ihn finden kann. Entsprechend ist das Universum vielleicht nicht in einem Zustand, der durch eine Aufsummierung von nichtsingulären Möglichkeiten definiert ist, aber es ist der einzige Zustand, in dem die Wissenschaft vorhersagen kann, wie das Universum sein müßte.

1983 haben Jim Hartle und ich vorgeschlagen, den Zustand des Universums durch die Aufsummierung einer bestimmten Klasse von Möglichkeiten anzugeben. Diese Klasse besteht aus gekrümmten Räumen ohne Singularitäten, die eine endliche Größe haben, aber keine Grenzen oder Ränder. Sie sind wie die Oberfläche der Erde, nur daß sie zwei Dimensionen mehr besitzen. Die Erdoberfläche ist von endlicher Ausdehnung, weist aber keine Singularitäten, Grenzen oder Ränder auf. Das habe ich empirisch überprüft. Ich bin um den Planeten gereist, ohne hinunterzufallen.

Die Hypothese, die Hartle und ich vorgeschlagen haben, läßt sich wie folgt umschreiben: Die Grenzbedingung des Universums ist, daß es keine Grenze hat. Nur wenn sich das Universum in diesem Keine-Grenzen-Zustand befindet, legen die Naturgesetze aus eigener Kraft die Wahrscheinlichkeiten für jede mögliche Geschichte fest. Nur in diesem Fall also könnten die bekannten Gesetze das Verhalten des Universums bestimmen. Befindet sich das Universum in irgendeinem anderen Zustand, so schließt die Klasse gekrümmter Räume in der Aufsummierung von Möglichkeiten Räume mit Singularitäten ein. Um die Wahrscheinlichkeiten solcher singulären Geschichten zu bestimmen, müßte man sich auf ein Prinzip berufen, das nicht zu den bekannten Naturgesetzen gehört. Dieses Prinzip läge außerhalb unseres Universums. Befände sich das Universum hingegen im Keine-Grenzen-Zustand, könnten wir im Prinzip vollständig bestimmen, wie sich das Universum verhalten müßte – innerhalb der Grenzen des Unbestimmtheitsprinzips.

Es wäre natürlich sehr schön für die Wissenschaft, wenn sich das Universum im Keine-Grenzen-Zustand befände. Doch wie können wir entscheiden, ob das der Fall ist? Die Antwort lautet, daß die Keine-Grenzen-Hypothese bestimmte Vorhersagen über das Verhalten des Universums macht. Wenn diese Vorhersagen nicht mit den Beobachtungen übereinstimmen, können wir daraus schließen, daß sich das Universum nicht im Keine-Grenzen-Zustand befindet. Mithin ist die Keine-Grenzen-Hypothese eine gute wissenschaftliche Theorie in dem Sinne, wie sie der Philosoph Karl Popper definiert hat: Sie läßt sich durch Beobachtung falsifizieren.

Würden sich die Beobachtungen nicht mit den Vorhersagen decken, so wüßten wir, daß es in der Klasse möglicher Geschichten Singularitäten geben muß. Doch das wäre alles, was wir wissen könnten. Die Wahrscheinlichkeiten der singulären Geschichten ließen sich nicht berechnen. Es wäre uns also nicht möglich vorherzusagen, wie sich das Universum verhalten muß. Man könnte meinen, diese Unvorhersagbarkeit würde keine große Rolle spielen, wenn sie nur im Urknall aufträte – der liegt doch schließlich schon zehn oder zwanzig Milliarden Jahre zurück. Doch wenn die Vorhersagbarkeit in den starken Gravitationsfeldern des Urknalls zusammengebrochen wäre, könnte das auch bei jedem Sternenkollaps passieren – allein in unserer Galaxis mehrere Male pro Woche. Mithin wäre es, selbst im Vergleich zu Wetterprognosen, nicht weit her mit unserer Vorhersagefähigkeit.

Natürlich könnte man sagen, man brauche sich nicht um einen Zusammenbruch der Vorhersagbarkeit zu kümmern, der sich in einem fernen Stern ereigne. Doch nach der Quantentheorie kann und wird alles geschehen, was nicht ausdrücklich verboten ist. Wenn also zur Klasse möglicher Geschichten auch Räume mit Singularitäten gehören, können diese Singularitäten überall auftreten, nicht nur im Urknall und in kollabierenden Sternen. Das würde bedeuten, daß wir nichts vorhersagen könnten. Hingegen ist die Tatsache, daß wir in der Lage sind, Ereignisse vorherzusagen, ein empirischer Anhaltspunkt, der gegen Singularitäten und für die Keine-Grenzen-Hypothese spricht.

Was also sagt die Keine-Grenzen-Hypothese für das Universum vorher? Da ist zunächst festzustellen, daß jede Größe, die man als Zeitmaß verwendet, einen höchsten und einen niedrigsten Wert besitzen muß, weil alle möglichen Geschichten für das Universum endlich in ihrer Ausdehnung sind. Das Universum wird folglich einen Anfang und ein Ende haben. Der Anfang in der realen Zeit wird die Urknallsingularität sein. In der imaginären Zeit dagegen wird es am Anfang keine Singularität geben. Dort wird der Anfang eher dem Nordpol der Erde analog sein. Wenn man die Breitengrade auf der Erdoberfläche als Analogien zur Zeit nimmt, könnte man sagen, daß die Fläche der Erde am Nordpol beginnt. Doch der Nordpol ist ein ganz gewöhnlicher

Punkt auf der Erde. Er hat keine besonderen Eigenschaften; am Nordpol gelten die gleichen Naturgesetze wie an allen anderen Orten der Erde. Entsprechend wäre das Ereignis, für das wir die Bezeichnung «der Anfang des Universums in imaginärer Zeit» wählen würden, ein gewöhnlicher Raumzeitpunkt – ein Punkt wie jeder andere. Die Naturgesetze wären mithin am Anfang ebenso gültig wie überall sonst.

Aus der Analogie mit der Erdoberfläche könnte man schließen, das Ende des Universums gleiche dem Anfang, so wie der Nordpol dem Südpol ähnelt. Doch Nord- und Südpol entsprechen dem Anfang und Ende der Geschichte des Universums nur in imaginärer Zeit, nicht in der realen, die wir erleben. Extrapoliert man die Ergebnisse der Aufsummierung von Möglichkeiten aus der imaginären in die reale Zeit, stellt man fest, daß sich der Anfang des Universums in der realen Zeit von seinem Ende sehr unterscheiden kann.

Jonathan Halliwell und ich haben in einem Näherungsverfahren berechnet, welche Konsequenzen sich aus der Keine-Grenzen-Bedingung ergeben würden. Wir haben das Universum als vollkommen glatten und gleichförmigen Hintergrund behandelt, auf dem es zu geringfügigen Dichteschwankungen kommt. In der realen Zeit hatte es den Anschein, als begänne das Universum seine Expansion mit einem sehr kleinen Radius. Zunächst wäre die Expansion ein sogenannter inflationärer Prozeß. Das heißt, das Universum verdoppelte seine Größe in jedem winzigen Sekundenbruchteil, so wie sich in manchen Ländern die Preise jedes Jahr verdoppeln. Den Weltrekord in wirtschaftlicher Inflation dürfte Deutschland nach dem Ersten Weltkrieg aufgestellt haben, wo der Preis für ein Brot in wenigen Monaten von ein paar Groschen auf mehrere Millionen Reichsmark kletterte. Doch das ist nichts im Vergleich zu der Inflation, die im frühen Universum stattgefunden zu haben scheint: ein Größenzuwachs um einen Faktor von mindestens einer Million Million Million

Million Million in einem winzigen Sekundenbruchteil. Das war natürlich lange bevor wir unsere gegenwärtige Regierung hatten.

Diese Inflation war von großem Vorteil, denn sie brachte ein – großräumig betrachtet – glattes und gleichförmiges Universum hervor, das zudem genau mit der Geschwindigkeit expandierte, die erforderlich war, um einen Rückfall in den Kollaps zu vermeiden. Von Vorteil war die Inflation ferner, weil sie alles, was das Universum enthält, buchstäblich aus dem Nichts erschuf. Als das Universum ein einzelner Punkt wie der Nordpol war, enthielt es nichts. Doch jetzt gibt es mindestens 10^{80} Teilchen in dem Teil des Universums, den wir beobachten können. Woher sind alle diese Teilchen gekommen? Die Antwort lautet, daß nach der Relativitätstheorie und der Quantenmechanik Materie in Form von Teilchen-Antiteilchen-Paaren aus Energie erzeugt werden kann. Und woher kam die Energie, aus der die Materie entstanden ist? Die Antwort lautet, daß sie von der Gravitationsenergie des Universums geborgt wurde. Das Universum hat enorme Schulden in Form von negativer Gravitationsenergie, die exakt die positive Energie der Materie ausgleicht. Während der Inflationsphase hat das Universum große Anleihen bei seiner Gravitationsenergie gemacht, um die Erzeugung weiterer Materie zu finanzieren. Das Ergebnis war ein Triumph des Keynesianismus: ein lebendiges, expandierendes Universum, angefüllt mit materiellen Objekten. Die Schulden in Form von Gravitationsenergie werden erst am Ende des Universums zurückgezahlt werden müssen.

Das frühe Universum kann nicht vollkommen homogen und gleichförmig gewesen sein, weil das ein Verstoß gegen das Unbestimmtheitsprinzip wäre. Es muß Abweichungen von einer gleichförmigen Dichte gegeben haben. Nach der Keine-Grenzen-Hypothese müßten diese Dichteschwankungen in ihrem Grundzustand begonnen haben; das heißt, sie wären entsprechend dem

Unbestimmtheitsprinzip so klein wie möglich gewesen. Während der inflationären Expansion hätten sich die Schwankungen allerdings vergrößert. Nach dem Ende dieser Phase wäre die Expansion des Universums an manchen Orten rascher verlaufen als an anderen. In Regionen mit geringerer Expansion hätte die Massenanziehung die Expansion noch weiter abgebremst. Schließlich wäre die Expansionsbewegung solcher Regionen völlig zum Stillstand gekommen, und sie hätten sich zu Galaxien und Sternen zusammengezogen. Die Keine-Grenzen-Hypothese kann also all die komplizierten Strukturen erklären, die wir um uns her erblicken. Allerdings macht sie nicht nur eine einzige Vorhersage für das Universum, sondern sagt eine ganze Familie möglicher Geschichten voraus, die alle ihre eigene Wahrscheinlichkeit besitzen. Es könnte eine mögliche Geschichte geben, in der die Labour Party die letzte Wahl in Großbritannien gewonnen hat, wenn auch ihre Wahrscheinlichkeit gering sein dürfte.

Die Keine-Grenzen-Hypothese hat weitreichende Folgen für die Rolle Gottes in den Geschicken des Universums. Heute ist allgemein anerkannt, daß sich das Weltall nach genau definierten Gesetzen entwickelt. Diese Gesetze mögen von Gott festgelegt worden sein, aber offenbar läßt er sie jetzt unangetastet und greift nicht in die Entwicklung des Universums ein. Bis vor kurzem glaubte man allerdings, am Anfang des Universums seien die Gesetze nicht gültig gewesen. Gott habe das Uhrwerk aufgezogen und das Universum nach seinem Belieben in Gang gesetzt. Der gegenwärtige Zustand des Universums resultiere also aus Gottes Wahl der Anfangsbedingungen.

Ganz anders wäre die Situation indessen, träfe eine Bedingung wie die Keine-Grenzen-Hypothese zu. In diesem Falle behielten die physikalischen Gesetze auch am Anfang des Universums ihre Gültigkeit, und Gott hätte noch nicht einmal die Freiheit, die Anfangsbedingungen zu wählen. Natürlich bliebe ihm immer noch die Möglichkeit, die Gesetze festzulegen, denen das Universum gehorcht. Doch dabei sind die Wahlmöglichkeiten vielleicht gar nicht so vielfältig gewesen. Unter Umständen gibt es nur einige wenige Gesetze, die in sich schlüssig sind und zu so komplizierten Wesen wie uns führen, die nach dem Wesen Gottes fragen können.

Und selbst wenn es nur einen einzigen Kodex möglicher Gesetze gibt, so ist es doch nur ein Kodex von Gleichungen. Was haucht ihnen Leben ein und liefert ihnen ein Universum, dessen Abläufe sie bestimmen können? Ist die endgültige vereinheitlichte Theorie so zwingend, daß sie sich selbst in die Existenz ruft? Auch wenn die Wissenschaft möglicherweise das Problem zu lösen vermag, wie das Universum begonnen hat, nicht beantworten kann sie die Frage: Warum macht sich das Universum die Mühe zu existieren? Ich kenne die Antwort nicht.

Die Quantenmechanik Schwarzer Löcher *

In den ersten drei Jahrzehnten unseres Jahrhunderts sind drei Theorien entstanden, die die Auffassung des Menschen von der Physik und der Wirklichkeit tiefgreifend verändert haben. Die Physiker sind noch immer damit beschäftigt, ihre Bedeutung auszuloten und sie miteinander zu verbinden. Es handelt sich um die spezielle Relativitätstheorie (1905), die allgemeine Relativitätstheorie (1915) und die Theorie der Quantenmechanik (etwa 1926). Albert Einstein war weitgehend verantwortlich für die erste, der alleinige Urheber der zweiten, und er spielte eine entscheidende Rolle bei der Entwicklung der dritten. Trotzdem konnte er sich mit der Quantenmechanik nie anfreunden, da ihn das in ihr enthaltene Element des Zufalls und der Unbestimmtheit störte. Sein Unbehagen faßte er in einer häufig zitierten Äußerung zusammen: «Der liebe Gott würfelt nicht.» Die meisten Physiker waren jedoch rasch bereit, sowohl die spezielle Relativität als auch die Quantenmechanik zu akzeptieren, weil in beiden Effekte beschrieben wurden, die sich direkt beobachten ließen. Die allgemeine Relativitätstheorie da-

* Veröffentlicht in der Zeitschrift *Scientific American*, Januar 1977.

gegen blieb weithin unbeachtet, weil sie mathematisch zu kompliziert erschien und eine rein klassische Theorie war, die sich anscheinend nicht mit der Quantenmechanik vereinbaren ließ. So blieb die allgemeine Relativitätstheorie fast fünfzig Jahre lang auf dem Abstellgleis.

Die enorme Ausweitung der astronomischen Beobachtungen, die Anfang der sechziger Jahre einsetzte, erweckte das Interesse an der klassischen Theorie der allgemeinen Relativität zu neuem Leben, weil es den Anschein hatte, daß viele der Erscheinungen, die nun entdeckt wurden – etwa Quasare, Pulsare und kompakte Röntgenquellen –, auf das Vorhandensein sehr starker Gravitationsfelder hindeuten, Felder, die sich nur mit Hilfe der allgemeinen Relativitätstheorie erklären ließen. Quasare sind sternartige Objekte, die um ein Vielfaches heller sein müssen als ganze Galaxien, wenn sie sich tatsächlich in der Entfernung von uns befinden, auf die die Rotverschiebung ihres Spektrums schließen läßt. Pulsare sind die rasch pulsierenden Relikte der Explosionen von Supernovae; man hält sie für extrem dichte Neutronensterne. Auch bei den kompakten Röntgenquellen, die man mit Hilfe von Instrumenten an Bord von Raumfahrzeugen entdeckt hat, könnte es sich um Neutronensterne handeln; es könnten aber auch hypothetische Objekte von noch größerer Dichte sein: Schwarze Löcher.

Die Physiker, die versuchten, die allgemeine Relativität auf diese neu entdeckten oder hypothetischen Objekte anzuwenden, standen unter anderem vor dem Problem, diese Theorie mit der Quantenmechanik zu vereinbaren. In den letzten Jahren sind Ansätze entwickelt worden, die uns zu der Hoffnung berechtigen, daß wir in nicht allzu ferner Zeit über eine völlig schlüssige Quantentheorie der Gravitation verfügen werden – eine Theorie, die sich hinsichtlich der makroskopischen Objekte mit der allgemeinen Relativitätstheorie decken wird und die, wie man hofft, frei sein wird von den mathematischen Unendlichkeiten, die lange Zeit ihr Unwesen in anderen Quantenfeldtheorien getrieben haben. Diese Ansätze stehen in Zusammenhang mit bestimmten kürzlich entdeckten Quanteneffekten, die mit Schwarzen Löchern zu tun haben und eine bemerkenswerte Verbindung zwischen diesen und den Gesetzen der Thermodynamik herstellen.

Ich möchte kurz beschreiben, wie ein Schwarzes Loch entstehen könnte. Stellen wir uns einen Stern vor, dessen Masse zehnmal so groß ist wie die der Sonne. Während des größten Teils seiner Lebensdauer von ungefähr einer Milliarde Jahren entsteht in seinem Mittelpunkt Wärme durch die Umwandlung von Wasserstoff in Helium. Die freigesetzte Energie wird genügend Druck erzeugen, um den Stern vor der eigenen Gravitation zu schützen, so daß er ein Objekt mit einem Radius darstellt, der etwa fünfmal so groß ist wie der der Sonne. Die Fluchtgeschwindigkeit an der Oberfläche eines solchen Sterns würde bei ungefähr tausend Kilometern in der Sekunde liegen. Mit anderen Worten: Ein Objekt, das man von der Oberfläche des Sterns mit einer Geschwindigkeit von weniger als tausend Kilometern pro Sekunde senkrecht nach oben abschösse, würde von dem Gravitationsfeld des Sterns zurückgezogen werden und wieder auf die Oberfläche fallen. Ein Objekt mit einer höheren Geschwindigkeit würde dagegen ins Unendliche entweichen.

Wenn der Stern seinen Kernbrennstoff verbraucht hätte, gäbe es nichts, was dem Druck von außen widerstehen könnte, so daß er anfinge, infolge der eigenen Schwerkraft in sich zusammenzustürzen. Im Zuge dieses Schrumpfungsprozesses würde das Gravitationsfeld an der Oberfläche immer stärker werden, so daß eine immer größere Fluchtgeschwindigkeit nötig wäre, um ihm zu entkommen. In dem Moment, da der Radius nur noch dreißig Kilometer betrüge, wäre die Fluchtgeschwindigkeit auf 300000 Kilometer pro Sekunde angewachsen. Von diesem Zeitpunkt an wäre das vom Stern emittierte Licht nicht mehr in der Lage, ins Unendliche zu entweichen, sondern würde vom Gravitationsfeld zurückgehalten werden. Nach der speziellen Relativitätstheorie kann sich nichts schneller fortbewegen als das Licht, woraus folgt, daß nichts entkommen kann, wenn es das Licht nicht vermag.

Das Resultat wäre ein Schwarzes Loch: eine Region der Raumzeit, in der es keine Möglichkeit gibt, ins Unendliche zu entweichen. Die Grenze des Schwarzen Loches wird Ereignishorizont genannt. Er entspricht einer Wellenfront des Sternenlichts, das gerade noch daran gehindert wird, ins Unendliche zu entkommen, und das statt dessen seinen Ursprung schwebend umgibt, und zwar im Abstand des Schwarzschild-Radius: $2GM/c^2$, wobei G die Newtonsche Gravitationskonstante, M die Masse des Sterns und c die Lichtgeschwindigkeit ist. Für einen Stern von ungefähr zehn Sonnenmassen beträgt der Schwarzschild-Radius etwa dreißig Kilometer.

Die vorliegenden Beobachtungsdaten lassen mit einiger Wahrscheinlichkeit darauf schließen, daß Schwarze Löcher von ungefähr dieser Größe in manchen Doppelsternsystemen existieren, etwa in der Röntgenquelle, die unter dem Namen Cygnus X-I bekannt ist. Außerdem könnte eine große Zahl kleinerer Schwarzer Löcher über das ganze Universum verstreut sein, die nicht durch Sternenkollaps entstanden sind, sondern durch den Zusammensturz hochkomprimierter Regionen in dem heißen, dichten Medium, das, wie man meint, kurz nach dem Urknall, der Ursprungsphase des Universums, existiert hat. Solche «urzeitlichen» Schwarzen Löcher sind für die Quanteneffekte, die ich hier beschreiben möchte, von allergrößtem Interesse. Ein Schwarzes Loch mit dem Gewicht von einer Milliarde Tonnen (was ungefähr der Masse eines Berges entspricht) würde einen Radius von ungefähr 10^{-13} Zentimeter aufweisen (die Größe eines Neutrons oder Protons). Es könnte sich in einer Umlaufbahn entweder um die Sonne oder um das Zentrum der Galaxis befinden.

Der erste Hinweis darauf, daß möglicherweise eine Verbindung zwischen Schwarzen Löchern und der Thermodynamik existiert, ergab sich 1970 mit der mathematischen Entdeckung, daß die Oberfläche des Ereignishorizonts, der Grenze eines Schwarzen Loches, stets anwächst, wenn zusätzliche Materie oder Strahlung in das Schwarze Loch dringt. Mehr noch: Wenn zwei Schwarze Löcher zusammenstoßen und zu einem einzigen Schwarzen Loch verschmelzen, so ist die Horizontfläche des resultierenden Schwarzen Loches größer als die Flächensumme der Ereignishorizonte, die die ursprünglichen Schwarzen Löcher umgeben haben. Diese Eigenschaften lassen auf eine Verwandtschaft zwischen der Fläche des Ereignishorizonts eines Schwarzen Loches und dem Entropiebegriff in der Thermodynamik schließen. Entropie kann man verstehen als ein Maß für die Unordnung eines Systems oder, was das gleiche ist, als ein Maß für unsere Unkenntnis seines genauen Zustands. Der berühmte Zweite Hauptsatz der Thermodynamik besagt, daß die Entropie mit der Zeit stets zunimmt.

Die Analogie zwischen den Eigenschaften Schwarzer Löcher und den Gesetzen der Thermodynamik ist von James M. Bardeen von der University of Washington, von Brandon Carter, der heute am Observatorium Meudon arbeitet, und von mir ausgeweitet worden. Der Erste Hauptsatz der Thermodynamik besagt, daß eine kleine Veränderung in der Entropie eines Systems stets mit einer proportionalen Veränderung in der Energie des Systems einhergeht. Der Proportionalitätsfaktor wird die Temperatur des Systems genannt. Bardeen, Carter und ich entdeckten ein ähnliches Gesetz, das die Veränderung in der Masse eines Schwarzen Loches in Beziehung zur Veränderung in der Fläche des Ereignishorizonts setzt. Hier bezieht der Proportionalitätsfaktor eine Größe ein, die als Oberflächenschwere bezeichnet wird und die ein Maß für die Stärke des Gravitationsfeldes am Ereignishorizont liefert. Wenn man akzeptiert, daß die Fläche des Ereignishorizonts der Entropie analog ist, so müßte man auch akzeptieren, daß die Oberflächenschwere der Temperatur analog ist. Unterstrichen wird die Ähnlichkeit dadurch, daß sich die Oberflächenschwere an allen Punkten des Ereignishorizonts als gleich erweist, genauso wie die Temperatur eines Körpers im thermischen Gleichgewicht überall gleich ist.

Obwohl offensichtlich eine Ähnlichkeit zwischen der Entropie und der Fläche des Ereignishorizonts besteht, war für uns nicht ersichtlich, wie sich die Fläche als Entropie eines Schwarzen Loches kenntlich machen ließ. Was ist unter der Entropie eines Schwarzen Loches zu verstehen? Die entscheidende Anregung kam 1972 von Jacob D. Bekenstein, der damals noch an der Princeton University studierte und heute an der Universität von Negev in Israel arbeitet. Bekenstein brachte folgenden Gedankengang vor: Wenn ein Schwarzes Loch durch einen Gravitationskollaps geschaffen wird, nimmt es rasch einen stationären Zustand an, der durch lediglich drei Parameter gekennzeichnet ist – die Masse, den Drehimpuls und die elektrische Ladung. Von diesen drei Eigenschaften abgesehen, bewahrt das Schwarze Loch keine anderen Einzelheiten des kollabierten Objekts. Diese Schlußfolgerung, bekannt als das Theorem «Ein Schwarzes Loch hat keine Haare», wurde in gemeinsamer Arbeit von Carter, Werner Israel von der University of Alberta, David C. Robinson vom King's College in London und von mir bewiesen.

Das Keine-Haare-Theorem besagt, daß im Zuge des Gravitationskollapses außerordentlich viel Information verlorengeht. Beispielsweise spielt es für den Endzustand eines Schwarzen Loches keine Rolle, ob der kollabierte Körper aus Materie oder Antimaterie bestand und ob er sphärisch oder von extrem unregelmäßiger Form war. Mit anderen Worten: Ein Schwarzes

Loch von gegebener Masse, gegebenem Drehimpuls und gegebener elektrischer Ladung könnte durch den Zusammensturz einer großen Zahl verschiedener Materiekonfigurationen entstanden sein. Wenn man gar die Quanteneffekte vernachlässigt, so wäre die Zahl der Konfigurationen unendlich, da das Schwarze Loch durch den Zusammensturz einer Wolke von unendlich vielen Teilchen mit unendlich kleiner Masse hätte gebildet werden können.

Die Unschärferelation der Quantenmechanik besagt jedoch, daß sich ein Teilchen von der Masse m wie eine Welle von der Länge h/mc verhält, wobei h die Plancksche Konstante (die winzige Zahl von $6{,}62 \times 10^{-27}$ erg-Sekunden) und c die Lichtgeschwindigkeit ist. Es hat den Anschein, daß diese Wellenlänge kleiner als das entstehende Schwarze Loch sein müßte, damit eine Teilchenwolke zu einem Schwarzen Loch zusammenstürzen könnte. Deshalb ist zu vermuten, daß die Anzahl der Konfigurationen, aus denen ein Schwarzes Loch von bestimmter Masse, bestimmtem Drehimpuls und bestimmter elektrischer Ladung entstehen könnte, zwar sehr groß, aber doch endlich ist. Bekenstein hat vorgeschlagen, daß man den Logarithmus dieser Anzahl als die Entropie des Schwarzen Loches interpretieren könnte. Der Logarithmus der Anzahl wäre ein Maß für die Information, die bei der Entstehung des Schwarzen Loches während des Zusammensturzes durch den Ereignishorizont unwiederbringlich verlorengegangen wäre.

Das Problem in Bekensteins Argumentation war, daß ein Schwarzes Loch, besäße es eine endliche Entropie proportional zur Fläche seines Ereignishorizonts, auch eine endliche Temperatur haben müßte. Daraus würde folgen, daß sich ein Schwarzes Loch bei irgendeiner Temperatur ungleich Null mit der thermischen Strahlung im Gleichgewicht befinden könnte. Doch nach klassischen Begriffen ist kein solches Gleichgewicht möglich, da das Schwarze Loch jegliche einfallende Wärmestrahlung absorbieren würde, ohne jedoch definitionsgemäß in der Lage zu sein, im Gegenzug irgend etwas zu emittieren.

Dieses Paradox blieb bis Anfang 1974 ungelöst, als ich untersuchte, wie sich Materie in der Nachbarschaft eines Schwarzen Loches nach den Gesetzen der Quantenmechanik verhalten würde. Zu meiner großen Überraschung stellte ich fest, daß das Schwarze Loch einen stetigen Teilchenstrom zu emittieren scheint. Wie alle Welt war ich damals davon überzeugt, daß ein Schwarzes Loch nichts emittieren könne. Deshalb unternahm ich große Anstrengungen, den verwirrenden Effekt, auf den ich gestoßen war, zu widerlegen. Doch alle Versuche schlugen fehl, so daß ich ihn schließlich akzeptieren mußte. Die endgültige Überzeugung, daß es sich um einen realen physikalischen Vorgang handelt, brachte die Erkenntnis, daß die austretenden Teilchen ein Spektrum von exakt thermischer Natur aufweisen: Das Schwarze Loch erschafft und emittiert genau die Teilchen und die Strahlung, die ein normaler heißer Körper mit einer Temperatur produzieren würde, welche sich proportional zur Oberflächenschwere und umgekehrt proportional zur Masse verhielte. Dadurch wurde Bekensteins Hypothese, daß ein Schwarzes Loch über eine endliche Entropie verfügt, vollkommen schlüssig, war doch jetzt ersichtlich, daß sich ein Schwarzes Loch bei einer endlichen Temperatur ungleich Null in einem thermischen Gleichgewicht befinden könnte.

Inzwischen ist die mathematische Evidenz dafür, daß Schwarze Löcher thermisch emittieren können, durch einige andere Forscher mittels verschiedenster Verfahren bestätigt worden. Ich will eine Möglichkeit beschreiben, wie sich die Emission verstehen läßt. Die Quantenmechanik besagt, daß die Gesamtheit des Raums mit Paaren «virtueller» Teilchen und Antiteilchen erfüllt ist, die sich ständig paarweise materialisieren, sich trennen und dann wieder zusammenkommen, um sich gegenseitig zu vernichten. Diese Teilchen werden virtuell genannt, weil sie sich im Gegensatz zu «realen» Teilchen nicht mit Hilfe eines Teilchendetektors direkt beobachten lassen. Aber man kann ihre indirekten Effekte messen, und ihre Existenz wurde durch eine kleine Verschiebung (die «Lamb-Verschiebung») bestätigt, die sie im Lichtspektrum angeregter Wasserstoffatome hervorrufen. In Gegenwart eines Schwarzen Loches kann nun ein Partner eines Paares virtueller Teilchen in das Loch fallen, so daß das andere Element ohne den Partner zurückbleibt, den es zur gegenseitigen Vernichtung braucht. Das im Stich gelassene Teilchen oder Antiteilchen kann seinem Partner ins Schwarze Loch folgen, aber es kann auch ins Unendliche entweichen, wo es den Eindruck von Strahlung hervorruft, die vom Schwarzen Loch emittiert worden ist.

Dieser Prozeß läßt sich aber auch so verstehen, daß der Partner des Teilchenpaars, der ins Schwarze Loch fällt – nehmen wir an, das Antiteilchen –, in Wirklichkeit ein Teilchen ist, das sich in der Zeit rückwärts bewegt. So läßt sich das in das Schwarze Loch fallende Antiteilchen als Teilchen ansehen, das aus dem Schwarzen Loch hervorkommt, sich jedoch in der Zeit zurückbewegt. Wenn das Teilchen den Punkt erreicht, an dem sich das Teilchen-Antiteilchen-Paar ursprünglich materialisiert hat, wird es vom Gravitationsfeld gestreut, so daß es sich nun vorwärts in der Zeit bewegt.

So ist es nach der Quantenmechanik einem Teilchen möglich, aus dem Innern eines Schwarzen Loches zu entweichen – etwas, was die klassische Mechanik nicht zuläßt. Es sind jedoch viele andere Situationen in der Atom- und Kernphysik bekannt, in denen es eine Art Barriere gibt, die nach klassischen Prinzipien für Teilchen undurchdringlich ist, die sie aber dank quantenmechanischer Prinzipien durchtunneln können.

Die Dicke der Barriere um ein Schwarzes Loch ist seiner Größe proportional. Das heißt, daß nur sehr wenige Teilchen aus einem Schwarzen Loch von der Größe entweichen können, die dem hypothetischen Loch in Cygnus X-I zugeschrieben wird, daß aber Teilchen sehr rasch kleineren Schwarzen Löchern entfliehen können. Eingehende Berechnungen zeigen, daß die emittierten Teilchen ein thermisches Spektrum haben, das einer Temperatur entspricht, die rasch zunimmt, wenn die Masse des Schwarzen Loches abnimmt. Für ein Schwarzes Loch mit Sonnenmasse liegt die Temperatur nur ungefähr ein zehnmillionstel Grad über dem absoluten Nullpunkt. Die mit dieser Temperatur aus dem Schwarzen Loch austretende Strahlung würde von der allgemeinen Hintergrundstrahlung des Universums völlig überdeckt werden. Andererseits würde ein Schwarzes Loch mit einer Masse von nur einer Milliarde Tonnen, das heißt ein urzeitliches Schwarzes Loch von etwa der Größe eines Protons, eine Temperatur von ungefähr 120 Milliarden Kelvin aufweisen, was einer Energie von rund zehn Millionen Elektronenvolt entspricht. Bei dieser Temperatur wäre ein Schwarzes Loch in der Lage, Elektron-Positron-Paare und Teilchen mit der Masse Null zu erschaffen, zum Beispiel Photonen, Neutrinos und Gravitonen (die hypothetischen Träger der Gravitationsenergie). Ein urzeitliches Schwarzes Loch würde Energie in einer Größenordnung von 6000 Megawatt freisetzen, was dem Ausstoß von sechs großen Kernkraftwerken entspricht.

Mit der Teilchenemission verliert das Schwarze Loch stetig an Masse und Größe. Dadurch finden mehr Teilchen die Möglichkeit, den Potentialwall zu durchtunneln, so daß die Emission ständig an Intensität zunimmt, bis sich das Schwarze Loch gänzlich verstrahlt hat. Auf lange Sicht wird sich jedes Schwarze Loch im Universum auf diese Weise verflüchtigen. Bei großen Schwarzen Löchern wird dieser Prozeß sehr viel Zeit in Anspruch nehmen: Ein Schwarzes Loch von der Masse der Sonne wird eine Lebensdauer von rund 10^{66} Jahren haben. Dagegen müßte sich ein urzeitliches Schwarzes Loch in den zehn Milliarden Jahren seit dem Urknall, dem Anfang des uns bekannten

Universums, fast vollständig verflüchtigt haben. Solche Schwarzen Löcher müßten heute harte Gammastrahlen mit einer Energie von ungefähr 100 Millionen Elektronenvolt emittieren.

Nach Berechnungen, die von Don N. Page, damals am California Institute of Technology, und von mir vorgenommen wurden und die auf Messungen des kosmischen Gammastrahlenhintergrunds durch den Satelliten SAS-2 beruhten, muß die durchschnittliche Dichte urzeitlicher Schwarzer Löcher im Universum bei weniger als rund zweihundert pro Kubiklichtjahr liegen. Die lokale Dichte in unserer Galaxis könnte einemillionmal so groß sein wie diese Zahl, wenn sich urzeitliche Schwarze Löcher im «Halo» von Galaxien konzentrierten – der dünnen Wolke in rascher Bewegung befindlicher Sterne, in die jede Galaxis eingebettet ist –, statt gleichförmig über das ganze Universum verstreut zu sein. Daraus würde folgen, daß das der Erde nächstgelegene Schwarze Loch wahrscheinlich mindestens so weit entfernt ist wie der Planet Pluto.

Das letzte Stadium der Verflüchtigung eines Schwarzen Loches würde sich so rasch vollziehen, daß es in eine gewaltige Explosion münden würde. Das Ausmaß der Explosion hinge von der Zahl der verschiedenen vorhandenen Familien von Elementarteilchen ab. Wenn alle Teilchen, wie heute weithin angenommen, aus vielleicht sechs verschiedenen Arten von Quarks bestehen, würde die abschließende Explosion ein Energieäquivalent von ungefähr zehn Millionen Wasserstoffbomben von je einer Megatonne aufweisen. Andererseits hat R. Hagedorn von der Europäischen Organisation für Kernforschung (CERN) eine andere Theorie vorgeschlagen, der zufolge es eine unendliche Zahl von Elementarteilchen mit immer größerer und größerer Masse gibt. Während das Schwarze Loch immer kleiner und heißer würde, würde es eine immer größere Zahl von verschiedenen Teilchenarten emittieren und schließlich in einer Explosion enden, die hunderttausendmal mächtiger wäre als diejenige, die nach der Quarkhypothese zu erwarten wäre. Infolgedessen würde die Beobachtung der Explosion eines Schwarzen Loches sehr wichtige Informationen über die Physik von Elementarteilchen liefern – Informationen, die möglicherweise auf keinem anderen Wege zu beschaffen sind.

Die Explosion eines Schwarzen Loches würde möglicherweise einen massiven Ausbruch energiereicher Gammastrahlen hervorbringen. Zwar könnten sie durch Gammastrahlendetektoren in Satelliten oder an Ballons beobachtet werden, doch wäre es sehr schwierig, Detektoren, die groß genug sind, um mit einiger Wahrscheinlichkeit eine genügend große Zahl von Gammaquanten aus einer Explosion aufzufangen, in solche Höhen zu bringen. Eine leichtere und wesentlich billigere Möglichkeit besteht darin, die obere Erdatmosphäre als Detektor zu benutzen. Ein in die Atmosphäre eintauchender energiereicher Gammastrahl wird einen Schauer von Elektron-Positron-Paaren erzeugen, die die Atmosphäre ursprünglich rascher durchqueren würden, als das Licht es vermag (denn dieses wird durch die Wechselwirkung mit Luftmolekülen abgebremst). So erzeugen die Elektronen und Positronen eine Art Überschallknall oder eine Stoßwelle im elektromagnetischen Feld. Eine solche Stoßwelle, Čerenkov-Strahlung genannt, könnten wir von der Erde aus als Lichtblitz wahrnehmen.

Ein vorläufiges Experiment von Neil A. Porter und Trevor C. Weekes vom University College in Dublin deutet darauf hin, daß es weniger als zwei Explosionen von Schwarzen Löchern pro Kubiklichtjahr und Jahrhundert in unserer Galaxisregion gibt, wenn Schwarze Löcher tatsächlich so explodieren, wie es Hagedorns Theorie vorhersagt. Daraus wäre zu schließen, daß die Dichte der urzeitlichen Schwarzen Löcher unter 100 Millionen pro Kubiklichtjahr liegt. Es müßte möglich sein, die Feinheit solcher Beobachtungen erheblich zu vergrößern. Auch wenn sie keine positiven Anhaltspunkte für urzeitliche Schwarze Löcher liefern sollten, wären sie sehr wertvoll. Sie würden nämlich der Dichte solcher Schwarzen Löcher eine niedrige Obergrenze setzen und darauf schließen lassen, daß das Universum in seiner Frühphase sehr glatt und frei von Turbulenzen gewesen sein muß.

Der Urknall ähnelt der Explosion eines Schwarzen Loches, nur daß er in unvergleichlich größerem Maßstab stattfand. Daraus schöpfen Wissenschaftler eine große Hoffnung: Wenn man versteht, wie Schwarze Löcher Teilchen erzeugen, so wird man vielleicht auch verstehen können, wie der Urknall alle Dinge im Universum geschaffen hat. In einem Schwarzen Loch stürzt die Materie in sich zusammen und ist für immer verloren, gleichzeitig aber wird an ihrer Stelle neue Materie hervorgebracht. Infolgedessen ist denkbar, daß es eine noch frühere Phase des Universums gab, in der die Materie zusammenstürzte, um dann im Urknall wiedererschaffen zu werden.

Wenn die zu einem Schwarzen Loch kollabierende Materie eine elektrische Gesamtladung besitzt, wird das resultierende Schwarze Loch die gleiche Ladung aufweisen. Das Schwarze Loch wird also tendenziell diejenigen Partner der virtuellen Teilchen-Antiteilchen-Paare anziehen, die die entgegengesetzte Ladung tragen, und die Partner mit gleicher Ladung abstoßen. Das Schwarze Loch wird deshalb vorzugsweise Teilchen emittieren, deren Ladung das gleiche Vorzeichen hat wie seine eigene, und deshalb rasch seine Ladung verlieren. In ähnlicher Weise wird, wenn die kollabierende Materie einen Gesamtdrehimpuls hat, das resultierende Schwarze Loch rotieren und vorzugsweise Teilchen emittieren, die ihm seinen Drehimpuls entziehen. Das Schwarze Loch «erinnert sich» an die elektrische Ladung, den Drehimpuls und die Masse der kollabierten Materie, während es alles andere «vergißt», weil diese drei Größen mit fernwirkenden Feldern gekoppelt sind: im Falle der Ladung mit dem elektromagnetischen Feld und im Falle des Drehimpulses und der Masse mit dem Gravitationsfeld.

Experimente von Robert H. Dicke von der Princeton University und Wladimir Braginskij von der Moskauer Staatsuniversität deuten darauf hin, daß kein fernwirkendes Feld mit der Quanteneigenschaft verknüpft ist, die als Baryonenzahl bezeichnet wird. (Baryonen sind eine Familie von Teilchen, zu denen das Proton und das Neutron gehören.) Deshalb würde ein Schwarzes Loch, das seine Existenz dem Zusammensturz einer Ansammlung von Baryonen verdankte, seine Baryonenzahl «vergessen» und gleiche Mengen von Baryonen und Antibaryonen abstrahlen. Durch sein Verschwinden würde das Schwarze Loch deshalb gegen eines der heiligsten Gesetze der Teilchenphysik verstoßen, das Gesetz der Baryonenerhaltung.

Obwohl Bekensteins Hypothese, daß Schwarze Löcher eine endliche Entropie haben, nur schlüssig ist, wenn Schwarze Löcher thermische Strahlung abgeben, erscheint es zunächst als reines Wunder, daß aus der eingehenden quantenmechanischen Berechnung der Teilchenentstehung eine Emission mit thermischem Spektrum hervorgeht. Des Rätsels Lösung ist, daß die emittierten Teilchen, wenn sie aus dem Schwarzen Loch heraustunneln, aus einer Region kommen, von der ein außen befindlicher Beobachter nichts weiß als ihre Masse, ihren Drehimpuls und ihre elektrische Ladung. Alle Kombinationen oder Konfigurationen emittierter Teilchen, die die gleiche Energie, den gleichen Drehimpuls und die gleiche elektrische Ladung haben, sind also gleich wahrscheinlich. Tatsächlich könnte das Schwarze Loch einen Fernsehapparat oder Prousts Werke in zehn Lederbänden emittieren, doch die Zahl der Teilchenkonfigurationen, die diesen exotischen Möglichkeiten entspricht, ist verschwindend klein. Die bei weitem größte Zahl von Konfigurationen entspricht einer Emission mit einem Spektrum, das fast thermisch ist.

Die Emission aus Schwarzen Löchern hat einen zusätzlichen Grad von Ungewißheit oder Unvorhersagbarkeit, über den hinaus, der normalerweise mit der Quantenmechanik verknüpft ist. In der klassischen Mechanik kann man bei Messungen des Ortes und der Geschwindigkeit beide Ergebnisse vorhersagen. Das Unbestimmtheitsprinzip in der Quantenmechanik besagt, daß nur über eine dieser Messungen eine Aussage gemacht werden kann. Der Beobachter kann entweder das den Ort oder das die Zeit betreffende Meßergebnis vorhersagen, nicht aber beide. Er muß sich in seiner Vorhersage für die eine oder die andere Kombination von Ort und Geschwindigkeit entscheiden, so daß seine Fähigkeit zu definitiven Vorhersagen praktisch halbiert ist. Bei Schwarzen Löchern ist die Situation noch schlimmer. Da die von einem Schwarzen Loch emittierten Teilchen aus einer Region stammen, über die der Beobachter nur sehr begrenzte Kenntnisse besitzt, kann er definitiv weder Ort noch Geschwindigkeit eines Teilchens noch irgendeine Kombination der beiden vorhersagen. Alles, was er vorhersagen kann, ist die Wahrscheinlichkeit, daß bestimmte Teilchen emittiert werden. So hat es den Anschein, als habe Einstein sich gleich doppelt geirrt, als er sagte: «Der liebe Gott würfelt nicht.» Die Teilchenemission aus Schwarzen Löchern scheint den Schluß nahezulegen, daß Gott nicht nur manchmal würfelt, sondern die Würfel auch gelegentlich an einen Ort wirft, wo man sie nicht sehen kann.

Schwarze Löcher und Baby-Universen *

Der Sturz in ein Schwarzes Loch ist zu einem beliebten Horrorszenario der Science-fiction geworden. Tatsächlich gehören Schwarze Löcher heute in den Bereich der wissenschaftlichen Fakten und nicht mehr nur in die Welt der Zukunftsromane. Wie ich noch ausführen werde, gibt es gute Gründe für die Annahme, daß Schwarze Löcher existieren. Die Beobachtungsdaten deuten nachdrücklich auf das Vorkommen zahlreicher Schwarzer Löcher in unserer eigenen Galaxis und einer noch größeren Zahl in anderen Galaxien hin.

Natürlich interessieren sich die Science-fiction-Autoren vor allem für das, was beim Sturz in ein Schwarzes Loch geschieht. Sehr beliebt ist die Annahme, daß man bei einem rotierenden Schwarzen Loch durch eine kleine Öffnung in der Raumzeit fallen und in einer anderen Region der Raumzeit landen könnte. Das eröffnet natürlich ungeahnte Möglichkeiten für die Raumfahrt. Tatsächlich brauchen wir eine Möglichkeit wie diese, wenn wir Reisen zu anderen Sternen oder gar zu anderen Gala-

* Hitchcock-Vortrag, gehalten im April 1988 an der University of California, Berkeley.

xien zu einem praktikablen Zukunftsunternehmen machen wollen. Da sich nichts rascher fortbewegen kann als das Licht, würde sonst die Reise zum nächsten Stern mindestens acht Jahre dauern. Soviel zum Wochenendausflug nach Alpha Centauri! Könnte man dagegen durch ein Schwarzes Loch hindurchkommen, würde man vielleicht irgendwo im Universum wiederauftauchen. Unklar ist nur, wie man seinen Bestimmungsort wählt: Sie wollen Ihre Ferien im Virgo-Haufen verbringen und landen im Krebsnebel.

Es tut mir leid, daß ich die Hoffnungen künftiger galaktischer Touristen enttäuschen muß, aber dieses Szenario funktioniert nicht: Wenn Sie in ein Schwarzes Loch springen, wird es Sie zerreißen und umbringen. Doch in gewissem Sinne könnten die Teilchen, aus denen Ihr Körper besteht, in ein anderes Universum gelangen. Ich weiß allerdings nicht, ob es für jemanden, der in einem Schwarzen Loch zu Spaghetti verarbeitet wird, ein großer Trost ist, zu wissen, daß seine Elementarteilchen möglicherweise überleben.

Trotz meines etwas schnoddrigen Tons geht es in diesem Aufsatz um ernsthafte Wissenschaft. Die meisten Dinge, von denen ich hier berichte, werden von anderen Wissenschaftlern, die auf diesem Gebiet arbeiten, inzwischen anerkannt, wenn es auch lange Zeit gedauert hat, bis sich diese Zustimmung einstellte. Der letzte Teil des Aufsatzes stützt sich allerdings auf neueste Arbeiten, über die noch keine Einigkeit herrscht. Aber sie finden viel Aufmerksamkeit und Interesse.

Obwohl das Konzept dessen, was wir heute Schwarzes Loch nennen, mehr als zweihundert Jahre alt ist, wurde die Bezeichnung erst 1967 von dem amerikanischen Physiker John Wheeler eingeführt. Das war ein Geniestreich: Der Name sorgte dafür, daß Schwarze Löcher Eingang in die Mythologie der Sciencefiction fanden, und er regte zugleich die wissenschaftliche Forschung an, weil er einen anschaulichen Begriff für etwas lieferte, was bis dahin noch keine befriedigende Bezeichnung gefunden hatte. Man darf die Bedeutung eines griffigen Namens in der Wissenschaft nicht unterschätzen.

Als erster hat sich meines Wissens John Mitchell aus Cambridge mit dem Problem der Schwarzen Löcher auseinandergesetzt, als er 1783 einen Aufsatz über sie schrieb. Dort geht er folgender Idee nach: Nehmen wir an, wir schießen eine Kanonenkugel von der Erdoberfläche senkrecht nach oben. Bei ihrem Aufstieg verlangsamt sich ihre Geschwindigkeit unter dem Einfluß der Schwerkraft. Schließlich kommt die Aufwärtsbewegung zum Stillstand, und die Kugel fällt zur Erde zurück. Wenn ihre Geschwindigkeit allerdings einen bestimmten kritischen Wert übersteigt, gibt es kein Halten mehr: Sie hält in ihrer Aufwärtsbewegung nicht inne und fällt nicht zurück, sondern bewegt sich immer weiter fort. Diese kritische Geschwindigkeit bezeichnet man als Fluchtgeschwindigkeit. Sie beträgt für die Erde ungefähr elf Kilometer pro Sekunde und für die Sonne rund hundertsechzig Kilometer pro Sekunde. Beide Geschwindigkeiten sind größer als die einer echten Kanonenkugel, aber weit geringer als die Lichtgeschwindigkeit, die etwa 300 000 Kilometer pro Sekunde beträgt. Daraus folgt, daß die Schwerkraft keinen großen Einfluß auf Licht hat: Es kann der Erde oder der Sonne leicht entkommen. Doch man könnte sich, argumentierte Mitchell, einen Stern vorstellen, der eine so große Masse besitzt und so klein ist, daß die daraus resultierende Fluchtgeschwindigkeit die Lichtgeschwindigkeit übersteigt. Einen solchen Stern, schrieb Mitchell, könnten wir nicht sehen, weil das Licht von seiner Oberfläche uns nicht erreichen könnte; es würde vom Gravitationsfeld des Sterns festgehalten werden. Wir könnten die Anwesenheit dieses Sterns jedoch möglicherweise anhand der Wirkung seines Gravitationsfeldes auf Materie in seiner Nähe feststellen.

Es ist nicht ganz zulässig, das Licht wie eine Kanonenkugel zu behandeln. Nach einem Experiment aus dem Jahr 1897 bewegt sich Licht stets mit der gleichen, konstanten Geschwindigkeit fort. Wie kann die Schwerkraft dann das Licht abbremsen? Eine Theorie, die schlüssig beschreibt, wie die Schwerkraft auf das Licht einwirkt, liegt erst seit 1915 mit Einsteins allgemeiner Relativitätstheorie vor. Indes, welche Bedeutung diese Theorie für alte Sterne und andere massereiche Körper hat, wurde erst in den sechziger Jahren allgemein erkannt.

Nach der allgemeinen Relativitätstheorie kann man Raum und Zeit zusammen als vierdimensionalen Raum, die sogenannte Raumzeit, betrachten. Dieser Raum ist nicht flach, sondern durch die in ihm enthaltene Materie und Energie gekrümmt. Wir können diese Krümmung an der Ablenkung von Licht- oder Radiowellen beobachten, die auf ihrer Reise zu uns an der Sonne vorbeikommen. Bei Licht, dessen Bahn nahe der Sonne verläuft, ist die Ablenkung sehr gering. Doch würde die Sonne schrumpfen, bis ihr Durchmesser nur noch ein paar Kilometer betrüge, dann wäre der Beugungseffekt so groß, daß ihr Licht nicht mehr entkommen könnte – es würde von ihrem Gravitationsfeld festgehalten werden. Nach der Relativitätstheorie kann sich nichts schneller bewegen als mit Lichtgeschwindigkeit. Also wäre dies eine Region, aus der nichts entweichen kann. Eine solche Region bezeichnet man als Schwarzes Loch. Seine Grenze heißt Ereignishorizont und wird von dem Licht gebildet, dem es gerade nicht mehr gelingt, dem Schwarzen Loch zu entkommen, so daß es sich jetzt an seinem Rand in der Schwebe befindet.

Die Annahme, die Sonne könne auf einen Durchmesser von wenigen Kilometern schrumpfen, mag lächerlich erscheinen. Man möchte annehmen, Materie ließe sich nicht so weit komprimieren – und doch ist dies, wie sich zeigt, durchaus möglich.

Die Sonne besitzt ihre gegenwärtige Größe, weil sie extrem heiß ist. Wie in einer unter Kontrolle gehaltenen H-Bombe verbrennt sie Wasserstoff zu Helium. Die durch diesen Prozeß freigesetzte Wärme erzeugt einen Druck, der es der Sonne ermöglicht, der Anziehung der eigenen Schwerkraft zu widerstehen, die bestrebt ist, ihre Größe zu verringern.

Doch irgendwann wird der Sonne der Kernbrennstoff ausgehen. Bis dahin haben wir noch weitere fünf Milliarden Jahre Zeit, so daß es keine übermäßige Eile hat, den Flug zu einem anderen Stern zu buchen. Doch Sterne mit größerer Masse als die Sonne zehren ihren Brennstoff sehr viel rascher auf. Wenn er verbraucht ist, verlieren sie ihre Wärme und ziehen sich zusammen. Besitzen sie weniger als ungefähr die doppelte Sonnenmasse, so wird dieser Kontraktionsprozeß schließlich zum Stillstand kommen – die Sterne erreichen einen stabilen Zustand. Einen dieser Zustände bezeichnet man als Weißen Zwerg. Sterne dieser Kategorie haben einen Radius von einigen tausend Kilometern und eine Dichte von einigen hundert Tonnen pro Kubikzentimeter. Ein anderer Zustand dieser Art ist ein Neutronenstern, der einen Radius von ungefähr fünfzehn Kilometern und eine Dichte von Millionen Tonnen pro Kubikzentimeter aufweist.

In der Milchstraße beobachten wir in unserer unmittelbaren Nachbarschaft eine große Zahl von Weißen Zwergen. Von der Existenz der Neutronensterne wissen wir jedoch erst seit 1967, als Jocelyn Bell und Antony Hewish von der Cambridge University die sogenannten Pulsare entdeckten, die regelmäßige Radiowellenpulse emittieren. Zunächst meinten sie, sie hätten Kontakt zu einer außerirdischen Zivilisation aufgenommen. Ich erinnere mich noch, daß der Hörsaal, in dem sie ihre Entdeckung bekanntgaben, mit «kleinen grünen Männern» aus Pappe geschmückt war. Am Ende kamen sie und alle anderen damit befaßten Wissenschaftler jedoch zu der weniger romantischen Schlußfolgerung, daß es sich bei diesen Objekten um rotierende Neutronensterne handelt. Das war eine schlechte Nachricht für die Autoren von Weltraum-Western, aber eine gute Nachricht für uns kleine Schar von Leuten, die damals an Schwarze Löcher glaubten. Wenn Sterne auf einen Durchmesser von fünfzehn oder dreißig Kilometern kollabieren können und dabei zu Neutronensternen werden, dann durfte man, wie wir meinten, auch erwarten, daß andere Sterne noch weiter schrumpfen, bis sie Schwarze Löcher sind.

Ein Stern mit mehr als ungefähr der doppelten Sonnenmasse kann keinen stabilen Zustand als Weißer Zwerg oder Neutronenstern annehmen. In einigen Fällen explodiert der Stern und schleudert so viel Materie in den Weltraum, daß seine Masse unter den Grenzwert absinkt. Doch das wird nicht in allen Fällen geschehen. Einige Sterne werden immer weiter schrumpfen, bis ihr Gravitationsfeld das Licht so stark beugt, daß es zum Stern zurückgelenkt wird. Ihm kann weder Licht noch etwas anderes mehr entkommen. Der Stern ist zu einem Schwarzen Loch geworden.

Die Gesetze der Physik sind zeitsymmetrisch. Wenn es also Objekte namens Schwarze Löcher gibt, in die Dinge hineinfallen und aus denen nichts entkommen kann, dann muß es andere Objekte geben, aus denen Dinge entweichen, in die aber nichts hineinfallen kann. Man könnte sie Weiße Löcher nennen. So wäre es vorstellbar, daß man an einem Ort in ein Schwarzes Loch hineinspränge und an einem anderen Ort aus einem Weißen Loch hervorkäme. Wie oben erwähnt, wäre das eine ideale Methode, um große Entfernungen im All zurückzulegen. Man müßte nur ein nahe gelegenes Schwarzes Loch finden.

Zunächst schien es, als sei diese Form der Weltraumreise möglich. Es gibt Lösungen für die Gleichungen der allgemeinen Relativitätstheorie, nach denen man in ein Schwarzes Loch fallen und aus einem Weißen Loch herauskommen kann. Doch nachfolgende Arbeiten zeigten, daß diese Lösungen alle instabil waren: Die leiseste Störung, etwa die Anwesenheit eines Raumschiffes, muß das «Wurmloch», die Passage, die vom Schwarzen zum Weißen Loch führt, zerstören. Das Raumschiff würde von unendlich starken Kräften zerrissen werden – wie ein Holzfaß, mit dem man die Niagarafälle zu überwinden versucht.

Danach schien es keine Hoffnung mehr zu geben. Schwarze Löcher mochten dazu nützlich sein, Müll loszuwerden, vielleicht auch ein paar Freunde, aber sie waren ein «Land ohne Wiederkehr». Nun stützt sich aber alles, was ich bislang dargelegt habe, auf Berechnungen nach Einsteins allgemeiner Relativitätstheorie. Sie stimmt vorzüglich mit all den Beobachtungen überein, die wir gemacht haben. Doch wir wissen, daß sie nicht ganz richtig sein kann, weil sie das Unbestimmtheitsprinzip der Quantenmechanik nicht berücksichtigt. Nach diesem Prinzip können Teilchen nicht zugleich einen genau definierten Ort und eine genau definierte Geschwindigkeit haben. Je genauer man die Position eines Teilchens mißt, desto weniger genau kann man seine Geschwindigkeit messen und umgekehrt.

1973 begann ich zu untersuchen, welche Bedeutung das Unbestimmtheitsprinzip für Schwarze Löcher hat. Zu meiner großen Überraschung – und der aller anderen auf diesem Gebiet tätigen Wissenschaftler – stellte ich fest, daß Schwarze Löcher gar nicht vollständig schwarz sind. Sie müssen in stetiger Rate Strahlung und Teilchen emittieren. Die Ergebnisse meiner Untersuchung stießen auf allgemeine Skepsis, als ich sie auf einer Konferenz in der Nähe Oxfords bekanntgab. Der Leiter der Tagung erklärte sie für kompletten Unsinn und schrieb einen Artikel, in dem er sich entsprechend äußerte. Doch als andere meine Berechnungen wiederholten, stießen sie auf den gleichen Effekt. Am Ende mußte auch der Konferenzleiter zugeben, daß ich recht hatte.

Wie kann Strahlung aus dem Gravitationsfeld eines Schwarzen Loches entweichen? Es gibt eine Reihe von Wegen, diesen Vorgang zu verstehen. Sie scheinen sehr verschieden zu sein, sind aber letztlich alle äquivalent. Eine Antwort lautet, daß sich Teilchen nach dem Unbestimmtheitsprinzip über eine kurze Strecke rascher als das Licht fortbewegen können. Das ermöglicht Teilchen und Strahlung, den Ereignishorizont zu durchqueren und dem Schwarzen Loch zu entkommen. Also gibt es doch Dinge, die aus dem Schwarzen Loch hinausgelangen können. Doch was aus einem Schwarzen Loch herauskommt, unterscheidet sich von dem, was hineingefallen ist. Nur die Energie wird die gleiche sein.

Wenn ein Schwarzes Loch Teilchen und Strahlung abgibt, verliert es an Masse. Das hat zur Folge, daß das Schwarze Loch kleiner wird und Teilchen rascher emittiert. Schließlich wird seine Masse null, und es verschwindet vollständig. Was geschieht dann mit Objekten, zum Beispiel Raumschiffen, die in das Schwarze Loch gefallen sind? Nach den Untersuchungen, mit denen ich mich in jüngerer Zeit befaßt habe, würden sie in kleinen, eigenständigen Baby-Universen landen. Ein kleines, in sich geschlossenes Universum zweigt von unserer Region des Universums ab. An anderer Stelle kann sich das Baby-Universum wieder mit unserer Raumzeitregion verbinden. Wenn das der Fall ist, würde es uns als ein weiteres Schwarzes Loch erscheinen, das sich bildet und später verdunstet. Teilchen, die in das eine Schwarze Loch fielen, würden in dem anderen als von ihm emittierte Partikel wiederauftauchen und umgekehrt.

Das hört sich genau nach den Voraussetzungen an, die erforderlich sind, um Raumfahrten durch Schwarze Löcher zu ermöglichen. Sie steuern Ihr Raumschiff einfach in ein geeignetes Schwarzes Loch hinein. Suchen Sie sich besser ein großes aus, sonst verarbeiten die Gravitationskräfte Sie schon zu Spaghetti, bevor Sie in sein Inneres gelangt sind. Dann können Sie nur noch hoffen, in einem anderen Loch wiederaufzutauchen, allerdings können Sie nicht wählen, in welchem.

Leider hat dieser Entwurf eines intergalaktischen Beförderungssystems einen Haken. Die Baby-Universen, die die in das Loch fallenden Teilchen aufnehmen, bilden sich in der sogenannten imaginären Zeit. In der realen Zeit würde auf einen Astronauten, der in ein Schwarzes Loch fiele, ein scheußliches Ende warten. Er würde durch die unterschiedlichen Gravitationskräfte, die auf seinen Kopf und seine Füße einwirken, in Stücke gerissen werden. Selbst die Teilchen, aus denen sein Körper besteht, würden nicht überleben. Ihre Geschichten würden in der realen Zeit an einer Singularität enden. Dagegen würden die Geschichten dieser Teilchen in der imaginären Zeit fortdauern. Sie würden in das Baby-Universum hinüberwechseln und als von einem anderen Schwarzen Loch emittierte Partikel wiederauftauchen. In diesem Sinne würde der Astronaut in eine andere Region des Universums befördert werden. Doch die Teilchen, die dort auftauchen, hätten kaum noch große Ähnlichkeit mit ihm. Auch die Gewißheit, daß seine Teilchen in der imaginären Zeit überlebten, wäre wohl kein großer Trost für ihn, wenn er in der realen Zeit an eine Singularität geriete. Das Motto für jeden, der in ein Schwarzes Loch fiele, müßte lauten: Denk imaginär!

Wodurch wird bestimmt, wo die Teilchen wiederauftauchen? Die Zahl der Teilchen im Baby-Universum wird gleich der Zahl der Teilchen sein, die in das Schwarze Loch gefallen sind, plus der Zahl der Teilchen, die das Schwarze Loch während seiner Verdunstung emittiert. Das heißt, die Teilchen, die in ein Schwarzes Loch fallen, kommen aus einem anderen Loch von ungefähr der gleichen Masse wieder hervor. So könnte man versuchen festzulegen, wo die Teilchen herauskommen, indem man ein Schwarzes Loch erzeugte, das die gleiche Masse hätte wie das, in dem die Teilchen verschwunden sind. Doch es könnte genausogut sein, daß das Schwarze Loch andere Arten von Teilchen mit der gleichen Gesamtenergie abgäbe. Selbst wenn das Schwarze Loch die richtigen Teilchen emittieren würde, ließe sich nicht entscheiden, ob es wirklich die Teilchen wären, die im anderen Schwarzen Loch verschwunden sind. Teilchen haben keinen Personalausweis: Alle Teilchen einer bestimmten Art sehen gleich aus.

Dies alles bedeutet, daß der Sturz in ein Schwarzes Loch nicht zu einer verbreiteten und verläßlichen Form der Weltraumreise werden dürfte. Zunächst einmal müßten Sie in der imaginären Zeit zu einem solchen Loch gelangen und dürften sich nicht darum scheren, daß Ihre Geschichte in der realen Zeit ein garstiges Ende finden wird. Zweitens könnten Sie Ihren Bestimmungsort nicht richtig auswählen. Das wäre wie eine Reise mit einer jener Fluggesellschaften, deren Namen ich Ihnen ohne weiteres nennen könnte.

Obwohl also Baby-Universen ohne großen Nutzen für die Raumfahrt sein dürften, sind sie sehr bedeutsam für unseren Versuch, eine vollständige vereinheitlichte Theorie zu finden, die alles im Universum beschreiben kann. Unsere gegenwärtigen Theorien enthalten zahlreiche Größen wie etwa die elektrische Ladung eines Teilchens. Die Werte dieser Größen lassen sich nicht durch unsere Theorien vorhersagen. Sie müssen vielmehr in Übereinstimmung mit den Beobachtungsdaten gewählt werden. Doch die meisten Wissenschaftler sind der Auffassung, es müsse eine fundamentale vereinheitlichte Theorie geben, die die Werte aller dieser Größen vorhersagen kann.

Es ist durchaus denkbar, daß eine solche fundamentale Theorie existiert. Der zur Zeit aussichtsreichste Kandidat trägt den Namen heterotisches Superstring. Man stellt sich vor, daß die Raumzeit mit kleinen Schleifen, Fadenstückchen ähnlich, gefüllt ist. Was wir uns als Elementarteilchen denken, sind nach diesem Modell in Wirklichkeit kurze Schleifen, die auf verschiedene

Weisen vibrieren. Diese vereinheitlichte Theorie enthält keine Zahlen, deren Werte sich anpassen lassen. Deshalb ist von ihr zu erwarten, daß sie die Werte all der Größen vorherzusagen vermag, die von unseren gegenwärtigen Theorien nicht bestimmt werden – etwa die elektrische Ladung eines Teilchens. Obwohl wir bislang noch nicht in der Lage sind, eine dieser Größen aus der Superstring-Theorie zu bestimmen, glauben viele, daß es uns eines Tages möglich sein wird.

Doch wenn das Bild von den Baby-Universen zutrifft, wird unsere Fähigkeit, diese Größen vorherzusagen, beschränkt bleiben. Wir können nämlich nicht beobachten, wie viele Baby-Universen es im All gibt, die darauf warten, sich mit unserer Region des Universums zu verbinden. Es könnte Baby-Universen geben, die nur einige wenige Teilchen enthalten. Man würde es gar nicht bemerken, wenn sie sich mit unserer Region verbänden oder von ihr abzweigten. Doch durch den Anschluß würden sie den scheinbaren Wert von Größen wie der elektrischen Ladung eines Teilchens verändern. Folglich könnten wir die scheinbaren Werte dieser Größen nicht vorhersagen, weil wir nicht wissen, wie viele Baby-Universen im All sind. Es könnte zu einer Bevölkerungsexplosion von Baby-Universen kommen. Doch anders als beim Menschen scheint es keine einschränkenden Faktoren wie Nahrungsversorgung oder Lebensraum zu geben. Baby-Universen existieren in ihrem eigenen Reich. Man fühlt sich ein bißchen an die Frage erinnert: Wie viele Engel können auf einer Nadelspitze tanzen?

Bei den meisten Größen scheinen Baby-Universen eine eindeutige, wenn auch ziemlich kleine Unsicherheit in die vorhergesagten Werte einzuführen. Aber sie könnten eine Erklärung für den beobachteten Wert einer sehr wichtigen Größe liefern, der sogenannten kosmologischen Konstante. Das ist ein Term in den Gleichungen der allgemeinen Relativitätstheorie, der das Universum mit einem inhärenten Bestreben zur Expansion oder

Kontraktion ausstattet. In der Hoffnung, ein Gegengewicht zu schaffen, das die Tendenz der Materie, das Weltall zur Kontraktion zu zwingen, ausgleicht, hatte Einstein ursprünglich einen sehr kleinen Wert für die kosmologische Konstante vorgeschlagen. Dieses Motiv entfiel, als man entdeckte, daß sich das Universum ausdehnt. Doch die kosmologische Konstante blieb ein schwer zu zähmender Faktor. Man könnte erwarten, daß die Fluktuationen, die sich aus den Gesetzen der Quantenmechanik ergeben, zu einer sehr großen kosmologischen Konstante führen. Doch wir können beobachten, daß sich die Expansion des Universums mit der Zeit verändert, was darauf schließen läßt, daß die kosmologische Konstante sehr klein ist, wenn auch bislang niemand befriedigend erklärt hat, warum der beobachtete Wert so niedrig ist. Doch die Abzweigungen und Anschlüsse von Baby-Universen müssen den scheinbaren Wert der kosmologischen Konstante beeinflussen. Da wir nicht wissen, wie viele Baby-Universen es gibt, sind auch verschiedene Werte für die kosmologische Konstante möglich. Immerhin wissen wir, daß ein Wert nahe Null am wahrscheinlichsten wäre. Das ist ein glücklicher Umstand, denn nur wenn der Wert der kosmologischen Konstante sehr klein ist, stellt das Universum für Wesen wie uns einen geeigneten Ort dar.

Fassen wir zusammen: Es scheint, daß Teilchen in Schwarze Löcher fallen können, die dann verdunsten und aus unserer Region des Universums verschwinden. Die Teilchen gelangen in Baby-Universen, die von unserem Universum abzweigen. Diese Baby-Universen können sich an einem anderen Ort wieder mit unserem Universum verbinden. Sie dürften sich für Raumfahrtzwecke nicht eignen, aber ihr Vorkommen bedeutet, daß unsere Vorhersagefähigkeit eingeschränkter ist, als wir erwartet haben, selbst wenn wir eine vollständige vereinheitlichte Theorie finden. Auf der anderen Seite könnten wir jetzt in der Lage sein, die gemessenen Werte einiger Größen, wie der kosmologischen

Konstante, zu erklären. In den letzten Jahren haben viele Forscher begonnen, über Baby-Universen zu arbeiten. Ich glaube nicht, daß einer von ihnen reich werden kann, indem er sie sich als Ziel für Weltraumreisen reservieren läßt, aber sie haben sich zu einem Forschungsgegenstand von hohem Reiz entwickelt.

Ist alles vorherbestimmt?*

In dem Schauspiel ‹*Julius Caesar*› sagt Cassius zu Brutus: «Der Mensch ist manchmal seines Schicksals Meister.» Doch sind wir das wirklich? Oder ist alles, was wir tun, festgelegt und vorherbestimmt? Die Prädestination, die Vorherbestimmtheit, wurde früher damit erklärt, daß Gott allmächtig und außerhalb der Zeit sei, so daß er wisse, was geschehen werde. Wie kann es dann einen freien Willen geben? Und wenn wir keinen freien Willen haben, wie können wir dann für unsere Handlungen verantwortlich sein? Ist es einem Menschen vorherbestimmt, eine Bank auszurauben, so kann es doch kaum seine Schuld sein. Warum also sollte man ihn dafür bestrafen?

In jüngerer Zeit ist der Determinismus auf wissenschaftliche Argumente gegründet worden. Offenbar gibt es eindeutige Gesetze, die festlegen, wie sich das Universum und alles, was es enthält, mit der Zeit entwickeln. Obwohl wir noch nicht die exakte Form für alle diese Gesetze gefunden haben, wissen wir doch schon genug, um, von einigen Extremsituationen abgese-

* Vortrag im Rahmen eines Seminars des Sigma Club an der Universität Cambridge, April 1990.

hen, bestimmen zu können, was geschieht. Ob wir die verbleibenden Gesetze in naher Zukunft entdecken können, ist Auffassungssache. Ich bin Optimist: Ich glaube, die Chancen stehen fünfzig zu fünfzig, daß wir sie in den nächsten zwanzig Jahren finden. Doch selbst wenn uns das nicht gelingt, würde es an dem Argument nichts Wesentliches ändern. Entscheidend ist die Annahme, daß es ein System von Gesetzen gibt, die die Evolution des Universums von Anfang an vollständig bestimmen. Diese Gesetze mögen von Gott vorgegeben sein, aber offenbar läßt er (oder sie) ihnen jetzt freien Lauf und mischt sich nicht in die Geschicke des Universums ein.

Die Anfangskonfiguration des Universums könnte von Gott gewählt worden sein oder sich selbst aus den Naturgesetzen herleiten. In beiden Fällen war dann offenbar alles im Universum durch die Evolution gemäß den Naturgesetzen bestimmt, so daß schwer einzusehen ist, wie wir unseres Schicksals Meister sein können.

Die Vorstellung, daß es eine große vereinheitlichte Theorie gibt, deren Gesetze allem Geschehen im Weltall zugrunde liegen, wirft viele Schwierigkeiten auf. Zunächst einmal ist die große vereinheitlichte Theorie wahrscheinlich, mathematisch gesehen, kompakt und elegant. Die «Theorie für Alles» müßte schon einen besonderen und einfachen Charakter haben. Doch wie kann eine bestimmte Anzahl von Gleichungen die vielfältigen und trivialen Details erklären, die wir um uns her erblicken? Ist es wirklich vorstellbar, daß die große vereinheitlichte Theorie vorherbestimmt hat, daß Sinead O'Connor in dieser Woche auf Platz eins der Hitparade ist oder daß Madonna auf der nächsten Titelseite des *Cosmopolitan* erscheinen wird?

Bei der Vorstellung, alles sei von einer großen vereinheitlichten Theorie vorherbestimmt, stellt sich ein zweites Problem: Dann wäre nämlich auch alles, was wir sagen, durch die Theorie festgelegt. Und warum sollte vorherbestimmt sein, daß unsere

Äußerungen stimmen? Wäre die Wahrscheinlichkeit nicht viel größer, daß sie falsch sind, da es zu jeder einzelnen wahren Aussage viele mögliche falsche gibt? Jede Woche finde ich in meiner Post zahlreiche Theorien, die die Leute mir zuschicken. Sie sind alle verschieden, und die meisten widersprechen sich. Und doch soll die große vereinheitlichte Theorie bestimmt haben, daß ihre Autoren sie für richtig halten. Warum sollte also irgend etwas, was ich sage, gültiger sein? Bin ich nicht der Bestimmung durch die große vereinheitlichte Theorie ebenso unterworfen?

Schließlich wirft der Prädestinationsgedanke noch ein drittes Problem auf: Wir haben das Gefühl, daß wir einen freien Willen besitzen – daß wir nach Belieben entscheiden können, ob wir etwas tun oder nicht. Doch wenn alles von den Naturgesetzen bestimmt ist, dann muß der freie Wille eine Illusion sein. Und wenn wir keinen freien Willen haben, wie können wir dann für unsere Handlungen verantwortlich sein? Psychisch kranke Täter bestrafen wir nicht für ihre Verbrechen, weil wir meinen, daß sie nicht anders handeln konnten. Doch wenn wir alle von einer großen vereinheitlichten Theorie bestimmt sind, kann niemand anders handeln, als er es tut. Wie kann dann irgend jemand für seine Taten zur Rechenschaft gezogen werden?

Diese Probleme des Determinismus werden seit Jahrhunderten diskutiert. Doch blieb die Diskussion immer etwas akademisch, weil wir weit davon entfernt waren, die Naturgesetze vollständig zu verstehen. Überdies wußten wir nicht, wie der Anfangszustand des Universums bestimmt war. Heute sind diese Probleme aktueller denn je, weil die Möglichkeit besteht, daß wir in den nächsten zwanzig Jahren eine vollständige vereinheitlichte Theorie entdecken. Außerdem hat sich herausgestellt, daß möglicherweise auch der Anfangszustand des Universums durch die Naturgesetze bestimmt worden ist. Die folgenden Ausführungen sind mein persönlicher Versuch, über diese Probleme Klarheit zu gewinnen. Ich behaupte nicht, daß sie besonders originell oder subtil sind – sie geben einfach meine gegenwärtigen Gedanken zu dieser Frage wieder.

Beginnen wir mit dem ersten Problem: Wie kann gemäß einer relativ einfachen und kompakten Theorie ein Universum entstehen, das so komplex ist, wie es unsere Beobachtungsdaten zeigen, mit all seinen trivialen und unwichtigen Einzelheiten? Hier ist das Unbestimmtheitsprinzip der Quantenmechanik von entscheidender Bedeutung. In der heutigen Entwicklungsphase des Universums ist die Unbestimmtheit nicht so wichtig, denn die Dinge sind so weit voneinander entfernt, daß eine kleine Unbestimmtheit in der Position keine große Rolle spielt. Doch im sehr frühen Weltall lag alles extrem dicht beieinander. Es gab ein hohes Maß an Unbestimmtheit und zahlreiche mögliche Zustände des Universums. Diese verschiedenen möglichen Frühzustände haben sich zu einer ganzen Familie verschiedener Geschichten des Universums entwickelt. Die meisten dieser Geschichten dürften sich in ihren großräumigen Merkmalen ähneln. Sie entsprechen einem Universum, das gleichförmig und glatt ist und expandiert. Doch in den Einzelheiten unterscheiden sie sich – in der Verteilung der Sterne und noch mehr in dem, was auf den Titelseiten ihrer Zeitschriften steht (vorausgesetzt, es gibt in diesen Geschichten Zeitschriften). Die Komplexität des Universums um uns her und seine Details entwickelten sich also auf Grund des Unbestimmtheitsprinzips während der frühen Stadien. Daraus ergibt sich eine große Vielfalt möglicher Geschichten für das Universum. Es existiert sicherlich auch eine Geschichte, in der Hitler und Genossen den Zweiten Weltkrieg gewonnen haben; allerdings ist ihre Wahrscheinlichkeit gering. Doch uns fällt es zu, in der Geschichte zu leben, in der die Alliierten gesiegt haben und Madonna auf der Titelseite des *Cosmopolitan* prangt.

Nun zum zweiten Problem: Wenn das, was wir tun, von einer großen vereinheitlichten Theorie bestimmt ist, warum sollte die

Theorie festlegen, daß wir zu richtigen Schlußfolgerungen über das Universum gelangen und nicht zu falschen? Bei der Antwort auf diese Frage stütze ich mich auf Darwins Theorie der natürlichen Selektion. Ich gehe davon aus, daß sich auf der Erde durch Zufallskombinationen von Atomen eine sehr primitive Form von Leben gebildet hat. Wahrscheinlich handelte es sich dabei um ein Makromolekül, aber nicht um DNA, denn die Wahrscheinlichkeit, daß sich ein ganzes DNA-Molekül durch Zufallskombinationen bildet, ist gering.

Die frühen Lebensformen haben sich selbst reproduziert. Das Unbestimmtheitsprinzip der Quantenmechanik und die zufälligen Wärmebewegungen der Atome dürften für eine gewisse Zahl von Reproduktionsfehlern gesorgt haben. Die meisten dieser Fehler werden den Organismus am Überleben oder an der Reproduktion gehindert haben. Solche Fehler wurden nicht an künftige Generationen weitergegeben; sie starben aus. Einige wenige Fehler erwiesen sich rein zufällig als vorteilhaft. Organismen mit solchen Fehlern hatten bessere Chancen, zu überleben und sich fortzupflanzen. So verdrängten sie in der Regel die ursprünglichen Organismen, denen diese Verbesserung fehlte.

Die Entwicklung der Doppelhelix der DNA dürfte eine solche Verbesserung in frühen Stadien gewesen sein. Wahrscheinlich bedeutete sie einen solchen Vorteil, daß sie alle früheren Lebensformen ersetzte, wie auch immer sie ausgesehen haben mögen. Im Laufe des Evolutionsprozesses hat sich dann das Zentralnervensystem gebildet. Geschöpfe, die die Bedeutung der von ihren Sinnesorganen zusammengetragenen Daten korrekt zu erkennen und entsprechend zu handeln vermochten, hatten bessere Überlebens- und Reproduktionschancen. Die Menschheit hat dieses Prinzip auf eine andere Stufe übertragen. Nach Körperbau und DNA-Struktur haben wir große Ähnlichkeit mit den höheren Ordnungen der Affen. Doch eine winzige Veränderung unserer DNA hat es uns ermöglicht, die Sprache zu entwickeln.

Dadurch können wir Information und erworbene Erfahrung in gesprochener oder geschriebener Form von einer Generation an die nächste weitergeben. Vorher ließen sich die Ergebnisse von Erfahrungen nur im langwierigen Prozeß der DNA-Kodierung durch Zufallsfehler in der Reproduktion weitergeben. Die Sprache brachte der Evolution eine spektakuläre Beschleunigung. Mehr als drei Milliarden Jahre dauerte die Evolution des Menschen. In den letzten zehntausend Jahren haben wir die Schriftsprache entwickelt. Sie hat uns vom Stadium der Höhlenmenschen bis zu dem Punkt geführt, an dem wir nach der endgültigen Theorie des Universums suchen können.

In den letzten zehntausend Jahren hat es keine nennenswerte biologische Evolution, keine Veränderung der menschlichen DNA gegeben. Mithin muß unsere Intelligenz – die Fähigkeit, die richtigen Schlußfolgerungen aus den Informationen zu ziehen, die unsere Sinnesorgane uns liefern – in die Zeit unseres Höhlenmenschendaseins oder noch weiter zurückreichen. Wahrscheinlich ist sie das Ergebnis eines Selektionsprozesses, dessen Grundlage unsere Fähigkeit bildete, bestimmte Tiere für Nahrungszwecke zu töten und uns vor den Angriffen anderer Tiere zu schützen. Es ist bemerkenswert, daß geistige Qualitäten, deren Selektion solchen Zwecken gedient hat, uns unter den gründlich veränderten Lebensbedingungen der heutigen Zeit noch so gut zustatten kommen. Wahrscheinlich hat die Entdekkung einer großen vereinheitlichten Theorie oder die Beantwortung von Fragen zum Determinismus keinen sonderlichen Überlebenswert. Dennoch könnte uns die Intelligenz, die wir aus ganz anderen Gründen entwickelt haben, in die Lage versetzen, die richtigen Antworten auf diese Fragen zu finden.

Wenden wir uns nun dem dritten Problem zu, der Frage des freien Willens und der Verantwortung für unser Handeln. Subjektiv haben wir das Gefühl, daß wir frei wählen können, was wir sind und tun. Doch das könnte eine Illusion sein. Einige Menschen denken, sie seien Jesus Christus oder Napoleon, aber sie können schwerlich recht haben. Gewißheit darüber, ob ein Organismus einen freien Willen hat oder nicht, kann nur ein objektiver Test bringen, der von außen vorgenommen wird. Nehmen wir beispielsweise an, ein kleiner grüner Mann von einem anderen Stern würde uns besuchen. Wie könnten wir entscheiden, ob er einen freien Willen hat oder ob er nur ein Roboter ist, darauf programmiert, den Eindruck zu erwecken, er sei wie wir?

Den einzigen objektiven Test seines freien Willens scheint die Frage zu liefern: Läßt sich das Verhalten des Organismus vorhersagen? Ist dies der Fall, hat er ganz offensichtlich keinen freien Willen, sondern ist in seinem Handeln vorherbestimmt. Läßt sich andererseits das Verhalten nicht vorhersagen, kann man das als operative Definition verstehen, die besagt, daß der Organismus einen freien Willen hat.

Gegen diese Definition des freien Willens läßt sich einwenden, daß wir in der Lage sein werden, das Verhalten von Menschen vorherzusagen, sobald wir eine vollständige vereinheitlichte Theorie entdeckt haben. Doch auch das menschliche Gehirn ist dem Unbestimmtheitsprinzip unterworfen. Also gibt es in unserem Verhalten ein aus der Quantenmechanik folgendes Zufallselement. Allerdings sind die an der Hirntätigkeit beteiligten Energien nicht groß. Deshalb wirkt sich die Unbestimmtheit der Quantenmechanik nur geringfügig aus. Tatsächlich können wir menschliches Verhalten nicht vorhersagen, weil es schlicht zu schwierig ist. Die grundlegenden physikalischen Gesetze, denen die Gehirnaktivität folgt, kennen wir bereits, und sie sind vergleichsweise einfach. Aber es ist zu schwer, die Gleichungen zu lösen, wenn mehr als ein paar Teilchen beteiligt sind. Selbst in der einfacheren Gravitationstheorie von Newton lassen sich die Gleichungen nur im Falle zweier Teilchen exakt lösen. Bei drei oder mehr Teilchen muß man schon auf Näherungsverfahren ausweichen, und die Schwierigkeiten wachsen mit der Anzahl der Teilchen rasch an. Das menschliche Gehirn enthält etwa 10^{26} oder hundert Millionen Milliarden Milliarden Teilchen. Diese Zahl ist bei weitem zu groß, um jeweils auf eine Lösung der Gleichungen hoffen und das Verhalten des Gehirns auf Grund des Anfangszustandes und der eintreffenden Sinnesdaten vorhersagen zu können. In Wirklichkeit sind wir natürlich noch nicht einmal in der Lage, den Anfangszustand zu messen, weil wir dazu das Gehirn auseinandernehmen müßten. Und selbst wenn wir dazu bereit wären, gäbe es einfach viel zu viele Teilchen zu registrieren. Außerdem reagiert das Gehirn wahrscheinlich sehr empfindlich auf den Anfangszustand: Eine kleine Veränderung in diesem Zustand dürfte erhebliche Konsequenzen für das nachfolgende Verhalten haben. Obwohl wir also die grundlegenden Gleichungen kennen, nach denen Hirnaktivitäten ablaufen, sind wir keineswegs in der Lage, sie zur Vorhersage menschlichen Verhaltens zu verwenden.

Vor dieser Situation stehen wir in der Wissenschaft immer dann, wenn wir es mit einem makroskopischen System zu tun haben, weil die Anzahl seiner Teilchen so groß ist, daß nicht die geringste Chance besteht, die fundamentalen Gleichungen zu lösen. Statt dessen halten wir uns in diesen Fällen an operative Theorien. Das sind Näherungsverfahren, in denen die sehr große Teilchenzahl durch einige wenige Größen ersetzt wird. Ein Beispiel ist die Strömungsmechanik. Eine Flüssigkeit wie Wasser besteht aus Milliarden von Milliarden Molekülen, die ihrerseits aus Elektronen, Protonen und Neutronen zusammengesetzt sind. Trotzdem ist es ein gutes Näherungsverfahren, die Flüssigkeit als kontinuierliches Medium zu behandeln, das durch Geschwindigkeit, Dichte und Temperatur gekennzeichnet ist. Die operative Theorie der Strömungsmechanik liefert zwar keine exakten Vorhersagen – das zeigt jede Wetterprognose –, aber sie sind gut genug, um nach ihren Vorgaben Schiffe und Pipelines zu konstruieren.

Ich meine, daß die Begriffe des freien Willens und der moralischen Verantwortung für unser Handeln eine operative Theorie im Sinne der Strömungsmechanik sind. Mag sein, daß alles, was wir tun, durch eine große vereinheitlichte Theorie bestimmt ist. Wenn diese Theorie verfügt hat, daß wir durch den Strang sterben sollen, werden wir nicht ertrinken. Aber man muß schon äußerst sicher sein, daß man für den Galgen bestimmt ist, bevor man sich bei stürmischem Wetter mit einem kleinen Boot aufs Meer wagt. Mir ist aufgefallen, daß sogar Menschen, die behaupten, alles sei vorherbestimmt und es stehe nicht in unserer Macht, etwas daran zu ändern, nach links und rechts sehen, bevor sie die Straße überqueren. Vielleicht liegt es daran, daß diejenigen, die keine solche Vorsicht walten lassen, nicht überleben und somit ihre Überzeugung nicht äußern können.

Wir können unser Verhalten nicht nach dem Glauben ausrichten, alles sei vorherbestimmt, weil wir nicht wissen, was vorherbestimmt worden ist. Statt dessen müssen wir uns an die operative Theorie halten, daß wir einen freien Willen haben und daß wir für unser Handeln verantwortlich sind. Diese Theorie taugt nicht besonders zur Vorhersage menschlichen Verhaltens, aber wir machen sie uns zu eigen, weil es keine Möglichkeit gibt, die Gleichungen zu lösen, die sich aus den fundamentalen Gesetzen herleiten. Es gibt außerdem einen darwinistischen Grund für unseren Glauben an den freien Willen. Eine Gesellschaft, deren Mitglieder sich für ihre Handlungen verantwortlich fühlen, wird besser kooperieren können und eher in der Lage sein, zu überleben und ihre Wertvorstellungen zu verbreiten. Natürlich funktioniert die Kooperation auch bei Ameisen. Aber eine solche Gesellschaft ist statisch. Sie kann nicht auf unerwartete Herausforderungen reagieren oder sich neue Möglichkeiten erschließen. Doch freie Individuen, die sich zusammenschließen und bestimmte Zielvorstellungen teilen, können kooperieren, um ihre gemeinsamen Ziele zu erreichen, und doch flexibel genug bleiben, um Neuerungen einzuführen. Eine solche Gesellschaft hat bessere Chancen, sich zu entfalten und ihr Wertsystem zu verbreiten.

Der Begriff des freien Willens gehört einer anderen Kategorie an als die fundamentalen Gesetze der Wissenschaft. Wenn man versucht, menschliches Verhalten aus den Naturgesetzen abzuleiten, verstrickt man sich im logischen Paradox von selbstbezüglichen Systemen. Falls sich unser Handeln aus grundlegenden Gesetzen vorhersagen läßt, könnte diese Vorhersage verändern, was geschieht. Das ähnelt den Problemen, mit denen wir zu tun bekämen, wenn Zeitreisen möglich würden – was ich für undenkbar halte. Wenn man sehen könnte, was in der Zukunft geschieht, könnte man es verändern. Wenn Sie wüßten, welches Pferd im Grand National gewinnen wird, könnten Sie ein Vermögen machen, indem Sie darauf wetten. Doch diese Handlung würde die Wettquote verändern. Man braucht sich nur ‹*Zurück in die Zukunft*› anzusehen, um zu begreifen, welche Probleme das verursachen würde.

Das Paradox, das sich ergäbe, wenn wir fähig wären, unser Handeln vorherzusagen, ist eng verwandt mit dem Problem, das ich oben erwähnt habe: Bestimmt die endgültige Theorie, daß wir zu den richtigen Schlußfolgerungen über die endgültige Theorie gelangen? In diesem Falle habe ich die Auffassung vertreten, daß uns die natürliche Selektion zu der richtigen Antwort führen würde. Vielleicht ist die richtige Antwort keine angemessene Beschreibungsweise, aber die natürliche Selektion hat uns zumindest zu einer Reihe physikalischer Gesetze geführt, die sich recht gut bewähren. Doch aus zwei Gründen können wir aus diesen physikalischen Gesetzen kein menschliches Verhalten ableiten. Erstens können wir die Gleichungen nicht lösen. Zweitens, selbst wenn wir dazu in der Lage wären, würde der Umstand, daß wir eine Vorhersage treffen, das System stören. Statt dessen veranlaßt uns die natürliche Selektion offenbar dazu, uns an die operative Theorie des freien Willens zu halten. Vertritt man die Auffassung, daß die Handlungen eines Menschen seiner freien Entscheidung entspringen, kann man nicht vorbringen, sie würden in einigen Fällen durch äußere Kräfte bestimmt. Der Begriff eines «fast freien Willens» macht keinen Sinn. Doch die Menschen verwechseln häufig den Umstand, daß man erraten kann, wofür sich jemand entscheidet, mit der Vorstellung, seine Entscheidung sei nicht aus freiem Willen getroffen. Ich nehme an, daß die meisten von Ihnen heute zu Abend essen werden, aber es steht Ihnen völlig frei, hungrig ins Bett zu gehen. Ein Beispiel für diese Verwirrung ist der Rechtsgrundsatz der verminderten Zurechnungsfähigkeit: die Vorstellung, man dürfe Menschen nicht für Handlungen bestrafen, bei denen sie großen Belastungen ausgesetzt waren. Es mag durchaus sein, daß jemand eher dazu neigt, eine antisoziale Handlung zu begehen, wenn er unter Streß steht, aber erhöht man nicht andererseits die Wahrscheinlichkeit, daß dieser Mensch die Tat begeht, wenn man die Strafe herabsetzt?

Das Studium der fundamentalen Naturgesetze und das des menschlichen Verhaltens gehören in verschiedene Kategorien. Aus den grundlegenden Gesetzen läßt sich menschliches Verhalten aus den erläuterten Gründen nicht ableiten. Aber man kann hoffen, daß wir uns sowohl die Intelligenz als auch die Fähigkeit des logischen Denkens zunutze machen können, die wir dank der natürlichen Selektion entwickelt haben. Leider hat die natürliche Selektion bei uns auch andere Merkmale ausgebildet, zum Beispiel die Aggression. Diese war zur Zeit der Höhlenbewohner und noch früher für das Überleben von Vorteil und wurde deshalb von der natürlichen Selektion bevorzugt. Doch durch den gewaltigen Zuwachs an Massenvernichtungsmitteln, den uns die moderne Wissenschaft und Technik beschert hat, ist die Aggression zu einer sehr gefährlichen Eigenschaft geworden, die nun das Überleben der Menschheit bedroht. Das Problem ist, daß unsere aggressiven Instinkte in der DNA verschlüsselt zu sein scheinen. Diese verändert sich durch biologische Evolution nur über Zeiträume von Jahrmillionen, während unser Vernichtungspotential jetzt auf einer Zeitskala für die Evolution von Informationen in Sprüngen von zwanzig oder dreißig Jahren wächst. Gelingt es uns nicht, unsere Intelligenz zur Kontrolle unserer Aggression einzusetzen, stehen die Chancen für die Menschheit schlecht. Doch solange es Leben gibt, gibt es auch Hoffnung. Wenn wir die nächsten hundert Jahre überleben, werden wir unseren Lebensraum auf andere Planeten und möglicherweise andere Sterne ausgedehnt haben. Dadurch wird sich die Wahrscheinlichkeit verringern, daß die gesamte Menschheit durch ein Unheil wie einen Atomkrieg ausgelöscht werden könnte.

Rekapitulieren wir: Ich habe einige der Probleme erörtert, die sich ergeben, wenn man davon ausgeht, daß alles im Universum vorherbestimmt ist. Dabei macht es keinen großen Unterschied, ob diese Vorherbestimmtheit durch einen allgegenwärtigen Gott oder durch die Naturgesetze zustande kommt. Denn es ließe sich ja immer sagen, daß sich in den Naturgesetzen Gottes Wille ausdrückt.

Drei Fragen habe ich erörtert. Die erste lautete: Wie können die Komplexität des Universums und alle seine trivialen Einzelheiten von einem einfachen Gleichungssystem bestimmt werden? Kann man umgekehrt wirklich glauben, daß Gott alle trivialen Einzelheiten festgelegt hat, wie etwa die Frage, wer auf der Titelseite des *Cosmopolitan* stehen soll? Die Antwort scheint zu sein, daß es nach dem Unbestimmtheitsprinzip der Quantenmechanik nicht nur eine einzige Geschichte für das Universum gibt, sondern eine ganze Familie möglicher Geschichten. Diese Geschichten können sich, sehr großräumig betrachtet, gleichen, in normalen, alltäglichen Größenverhältnissen aber erhebliche Unterschiede aufweisen. Wir leben in einer bestimmten Geschichte, die durch bestimmte Eigenschaften und Einzelheiten charakterisiert ist. Doch es gibt ähnliche intelligente Lebewesen in Geschichten, die sich etwa darin unterscheiden, wer den Krieg gewonnen hat und welche Platten in die Hitparade kommen. Mithin entstehen die trivialen Einzelheiten unseres Universums, weil die fundamentalen Gesetze die Quantenmechanik mit ihrem Element von Unbestimmtheit oder Zufall enthalten.

Die zweite Frage war: Wenn alles durch eine fundamentale Theorie bestimmt ist, dann ist auch das, was wir über die Theorie sagen, durch die Theorie bestimmt. Und warum sollte vorherbestimmt sein, daß das, was wir über die Theorie sagen, richtig ist und nicht einfach falsch oder irrelevant? In meiner Antwort darauf habe ich mich auf Darwins Theorie der natürlichen Selektion berufen: Nur die Individuen, die die richtigen Schlußfolgerungen über ihre Umwelt ziehen, werden in der Regel zum Überleben und zur Reproduktion fähig sein.

Die dritte Frage war: Wenn alles vorherbestimmt ist, was wird aus dem freien Willen und der Verantwortung für unser Handeln? Doch ob ein Organismus einen freien Willen hat, läßt sich objektiv nur testen durch die Frage, ob sich sein Verhalten vorhersagen läßt. Im Falle des Menschen sind wir völlig unfähig, anhand der Naturgesetze vorherzusagen, was Menschen tun werden – und zwar aus zwei Gründen. Erstens können wir die Gleichungen für die sehr große Zahl von beteiligten Teilchen nicht lösen. Zweitens, selbst wenn wir die Gleichungen lösen könnten, würde die Vorhersage das System stören und zu veränderten Ergebnissen führen. Wenn wir also nicht in der Lage sind, menschliches Verhalten vorherzusagen, können wir auch die operative Theorie zugrunde legen, daß Menschen freie Wesen sind, die sich für oder gegen eine Handlung entscheiden. Offenbar ist der Glaube an den freien Willen und an die Verantwortung für unser Handeln von hohem Überlebenswert. Das heißt, dieser Glaube müßte durch die natürliche Selektion verstärkt werden. Ob das sprachlich vermittelte Verantwortungsgefühl ausreicht, um den DNA-vermittelten Aggressionstrieb unter Kontrolle zu halten, bleibt abzuwarten. Wenn nicht, wird die Menschheit eine der Sackgassen der natürlichen Selektion gewesen sein. Vielleicht hat eine andere Spezies intelligenter Lebewesen irgendwo in der Galaxis ein besseres Gleichgewicht zwischen Verantwortung und Aggression herstellen können. Doch wenn das so wäre, hätte man erwarten müssen, daß sie schon Kontakt mit uns aufgenommen oder daß wir zumindest ihre Radiosignale aufgefangen hätten. Vielleicht wissen sie von unserer Existenz, möchten sich uns aber nicht zu erkennen geben. Angesichts der menschlichen Geschichte könnte das ein weiser Entschluß sein.

Der Titel dieses Essays ist eine Frage: Ist alles vorherbestimmt? Die Antwort lautet ja. Doch sie könnte genausogut nein lauten, weil wir niemals wissen können, was vorherbestimmt ist.

Die Zukunft des Universums *

Gegenstand dieses Aufsatzes ist die Zukunft des Universums oder vielmehr das, was nach Meinung der Wissenschaft diese Zukunft sein wird. Natürlich ist es sehr schwer, die Zukunft vorherzusagen. Ich wollte einmal ein Buch schreiben, das heißen sollte: «Das Morgen von gestern: Eine Geschichte der Zukunft». Es wäre eine Geschichte von Zukunftsprognosen geworden, von denen fast alle weit danebengelegen haben. Und doch – trotz dieser Fehlschläge sind Wissenschaftler noch immer der Meinung, sie könnten die Zukunft vorhersagen.

In früheren Zeiten waren solche Prophezeiungen Aufgabe von Orakeln und Seherinnen. Oft waren das Frauen, die durch ein Rauschmittel oder das Einatmen von vulkanischen Dämpfen in Trance versetzt waren. Ihre Visionen wurden dann von den anwesenden Priestern gedeutet. Die eigentliche Kunst lag in der Interpretation. Das berühmte Orakel von Delphi im antiken Griechenland war bekannt dafür, daß es auf Nummer Sicher ging und sich mehrdeutig äußerte. Als die Spartaner fragten,

* Darwin-Lecture, Universität Cambridge, Januar 1991.

was geschehen werde, wenn die Perser Griechenland angriffen, erwiderte das Orakel: Entweder wird Sparta zerstört oder sein König getötet werden. Ich nehme an, die Priester hatten sich überlegt, daß die Spartaner, sollte keine dieser Möglichkeiten eintreten, Apollo so dankbar wären, daß sie den Irrtum seines Orakels übersähen. Tatsächlich fiel der König bei der Verteidigung des Thermopylen-Passes, einer legendären Heldentat, die Sparta rettete und zur späteren Niederlage der Perser führte.

Ein andermal fragte der lydische König Krösus, der reichste Mann der Welt, was geschähe, wenn er in Persien einfiele. Die Antwort lautete: Ein Königreich wird fallen. Krösus glaubte, damit sei das Perserreich gemeint, aber statt dessen ging sein eigenes Königreich zugrunde, und er selbst landete auf dem Scheiterhaufen.

Untergangspropheten in jüngerer Zeit haben sich dagegen viel stärker exponiert und das Ende der Welt auf Jahr und Tag vorausgesagt. Dies hat gelegentlich zu Einbrüchen der Aktienmärkte geführt, obwohl mir nicht in den Kopf will, warum ein bevorstehender Weltuntergang jemanden dazu veranlassen sollte, seine Aktien in Geld umzuwandeln. Mitnehmen kann man doch vermutlich beides nicht.

Bislang sind alle Termine, für die der Weltuntergang angekündigt wurde, ohne besondere Zwischenfälle verstrichen. Allerdings hatten die Propheten häufig eine Erklärung für ihre scheinbaren Irrtümer. Beispielsweise hat William Miller, der Gründer der Seventh Day Adventists, vorhergesagt, die Wiederkunft Christi werde zwischen dem 21. März 1843 und dem 21. März 1844 stattfinden. Als nichts geschah, verschob er das Ereignis auf den 22. Oktober 1844. Auch dieser Tag verging, und nichts Weltbewegendes passierte; da lieferte der Sektengründer eine neue Deutung: Das Jahr 1844 sei der Beginn der Wiederkunft. Zuerst aber müßten die Namen im Buch des Lebens gezählt werden. Erst dann komme der Tag des Jüngsten

Gerichts für diejenigen, die nicht in dem Buch stünden. Zum Glück scheint das Zählen viel Zeit in Anspruch zu nehmen.

Natürlich sind wissenschaftliche Vorhersagen unter Umständen nicht zuverlässiger als die von Orakeln oder Propheten. Man denke nur an die Wetterprognosen. Aber es gibt bestimmte Situationen, in denen wir glauben, zuverlässige Vorhersagen machen zu können, und die Zukunft des Universums, in großem Maßstab betrachtet, gehört dazu.

Im Laufe der letzten dreihundert Jahre haben wir die Naturgesetze entdeckt, die das Verhalten der Materie in allen gewöhnlichen Situationen bestimmen. Nach welchen Gesetzen sich die Materie unter sehr extremen Bedingungen richtet, wissen wir noch nicht genau. Diese Gesetze sind von Bedeutung, wenn wir den Anfang des Universums verstehen wollen, doch die künftige Entwicklung des Universums ist nicht von ihnen betroffen, es sei denn, es stürzt eines Tages wieder zu einem Zustand von hoher Dichte zusammen. Wie wenig solche für hochenergetische Zustände geltenden Gesetze mit dem gegenwärtigen Universum zu tun haben, zeigt der Umstand, daß wir viel Geld ausgeben, um riesige Teilchenbeschleuniger zu bauen, mit denen wir diese Gesetze überprüfen können.

Auch wenn es uns vielleicht gelingt, die Gesetze zu erkennen, die das Universum bestimmen, werden sie uns möglicherweise nicht in die Lage versetzen, Vorhersagen zu machen, die weit in die Zukunft reichen. Es könnte nämlich sein, daß die Lösungen der physikalischen Gleichungen eine Eigenschaft offenbaren, die man als Chaos bezeichnet. Das heißt, die Gleichungen könnten instabil sein: Wenn man den Zustand eines Systems um einen winzigen Betrag verändert, kann das spätere Verhalten des Systems vollkommen anders aussehen. Verändern Sie beispielsweise die Art, wie Sie ein Rouletterad in Drehung versetzen, auch nur geringfügig, sorgen Sie dafür, daß eine ganz andere Zahl herauskommt. Es ist praktisch unmöglich, diese Zahl vorherzusagen. Wäre es anders, könnten Physiker in Casinos Geld scheffeln.

Bei instabilen und chaotischen Systemen gibt es im allgemeinen jeweils eine bestimmte Zeitskala, in der eine kleine Veränderung des Anfangszustandes zu doppelten Ausmaßen anwächst. Im Falle der Erdatmosphäre beträgt diese Zeitskala ungefähr fünf Tage, etwa die Zeit, die die Luft braucht, um die Erde zu umrunden. Für Zeiträume bis zu fünf Tagen läßt sich das Wetter einigermaßen genau vorhersagen. Doch wollte man weiterreichende Wetterprognosen erstellen, müßte man den gegenwärtigen Zustand der Atmosphäre außerordentlich genau kennen und unvorstellbar komplizierte Berechnungen vornehmen. Über die jahreszeitlichen Durchschnittswerte hinaus haben wir keine Möglichkeit, das Wetter auf sechs Monate vorauszusagen.

Wir kennen auch die Gesetze, nach denen chemische und biologische Prozesse ablaufen. Im Prinzip müßten wir also bestimmen können, wie das Gehirn funktioniert, aber die Gleichungen, die für das Gehirn maßgebend sind, zeigen mit an Sicherheit grenzender Wahrscheinlichkeit chaotisches Verhalten, das heißt, winzig kleine Veränderungen des Anfangszustandes können zu ganz verschiedenen Ergebnissen führen. In der Praxis können wir also menschliches Verhalten nicht vorhersagen, obwohl wir die Gleichungen kennen, die unser Handeln bestimmen. Die Wissenschaft kann nicht vorhersagen, wie sich die menschliche Gesellschaft zukünftig entwickeln wird oder ob sie überhaupt eine Zukunft hat. Die Gefahr liegt darin, daß unsere Fähigkeit, die Umwelt zu zerstören oder uns gegenseitig zu vernichten, sehr viel rascher wächst als unsere Vernunft im Umgang mit dieser Fähigkeit.

Ganz gleich, was mit der Erde geschieht, die Geschicke des Universums wird es nicht berühren. Offenbar sind auch die Bewegungen der Planeten um die Sonne letztlich chaotisch, wenn auch auf einer sehr großen Zeitskala. Das heißt, die Fehler jeder

Vorhersage über die Entwicklung unseres Sonnensystems werden im Laufe der Zeit immer größer. Nach einer gewissen Periode wird es unmöglich, die Bewegungen detailliert vorherzusagen. Wir können ziemlich sicher sein, daß die Erde in absehbarer Zukunft nicht mit der Venus zusammenstoßen wird, aber wir können nicht ausschließen, daß kleine Störungen in den Umlaufbahnen sich addieren und in einer Milliarde Jahren zu einer solchen Kollision führen. Die Bewegung der Sonne und anderer Sterne um die Milchstraße und die Bewegung der Milchstraße innerhalb der lokalen Gruppe, des Galaxienhaufens, dem sie angehört, sind gleichfalls chaotisch. Wir beobachten, daß andere Galaxien sich von uns fortbewegen und daß sie, je weiter entfernt sie sind, um so rascher davonstreben. Mit anderen Worten, das Universum expandiert in unserer Nachbarschaft. Die Entfernungen zwischen Galaxien nehmen mit der Zeit zu.

Anhaltspunkte dafür, daß diese Expansion gleichförmig und nicht chaotisch verläuft, liefert uns ein Hintergrund von Mikrowellenstrahlen, die uns aus dem All erreichen. Sie können selbst diese Strahlung beobachten, indem Sie Ihr Fernsehgerät auf einen leeren Kanal einstellen. Ein paar Prozent der Punkte, die Sie auf dem Bildschirm sehen, stammen von Mikrowellen, deren Ursprung jenseits des Sonnensystems liegt. Es ist die gleiche Art Strahlung, die Sie in einem Mikrowellenherd nutzen, nur sehr viel schwächer. Sie würde Ihre Lebensmittel nur auf 2,7 Grad über dem absoluten Nullpunkt erwärmen – also nicht genug, um Ihre Tiefkühlpizza kroß zu backen. Man nimmt an, diese Strahlung sei ein Relikt aus einem sehr heißen Frühstadium des Universums. Doch vor allem ist bemerkenswert, daß die Energie der Strahlung aus jeder Richtung fast gleich zu sein scheint. Sie ist sehr genau von dem Satelliten «Cosmic Background Explorer» (COBE) gemessen worden. Eine Himmelskarte, nach diesen Beobachtungen angefertigt, zeigt verschiedene Strahlungstemperaturen in verschiedenen Richtungen, aber diese Schwankungen sind sehr klein, ein Teil pro hunderttausend. Der Mikrowellenhintergrund muß in verschiedenen Richtungen unterschiedlich sein, weil das Universum nicht vollkommen gleichförmig ist; es gibt lokale Unregelmäßigkeiten wie Sterne, Galaxien und Galaxienhaufen. Aber die Schwankungen im Mikrowellenhintergrund sind, in Übereinstimmung mit den lokalen Unregelmäßigkeiten, die wir beobachten, extrem gering. Zu 99999 Teilen pro 100000 ist der Mikrowellenhintergrund in allen Richtungen gleichförmig.

In alten Zeiten glaubten die Menschen, die Erde sei der Mittelpunkt des Universums. Deshalb hätte sie die Erkenntnis, daß der Hintergrund in allen Richtungen gleich ist, nicht überrascht. Doch seit den Tagen des Kopernikus ist uns nach und nach klargeworden, daß wir auf einem kleinen Planeten leben, der einen sehr durchschnittlichen Stern in den Außenbezirken einer gewöhnlichen Galaxie umkreist, die nur eine unter den hundert Milliarden anderen ist, die wir beobachten können. Mittlerweile sind wir so bescheiden, daß wir keine Sonderstellung mehr im Universum beanspruchen können. Deshalb müssen wir annehmen, daß der Hintergrund in allen Richtungen und in jeder anderen Galaxie gleich ist. Das ist nur möglich, wenn die durchschnittliche Dichte und die Expansionsrate des Universums überall identisch sind. Jede Abweichung von der durchschnittlichen Dichte oder der Expansionsrate über eine größere Region würde sich im Mikrowellenhintergrund als Schwankungen in verschiedenen Richtungen abzeichnen. Das heißt, in sehr großem Maßstab gesehen ist das Verhalten des Universums einfach und nicht chaotisch. Es läßt sich deshalb weit in die Zukunft vorhersagen.

Da die Expansion des Universums so gleichförmig ist, kann man sie durch eine einzige Zahl beschreiben, den Abstand zwischen zwei Galaxien. Er nimmt gegenwärtig zu, doch es ist vorauszusehen, daß die Gravitationskraft zwischen verschiedenen

Galaxien die Expansionsrate verlangsamt. Wenn die Dichte des Universums über einem bestimmten kritischen Wert liegt, wird die Gravitation die Expansion schließlich zum Stillstand bringen und eine Kontraktionsbewegung des Universums auslösen. Das Universum fiele in einem Großen Endkollaps in sich zusammen. Dies gliche weitgehend dem Urknall, mit dem das Universum begann. Der Große Endkollaps wäre eine Singularität, ein Zustand von unendlicher Dichte, an dem die Gesetze der Physik ihre Gültigkeit verlieren. Selbst wenn es also Ereignisse nach dem Großen Endkollaps gäbe, ließen sie sich nicht vorhersagen. Ohne eine kausale Verknüpfung zwischen Ereignissen ist keine sinnvolle Angabe möglich, die besagt, daß ein Ereignis nach einem anderen geschieht. Genausogut könnte man sagen, unser Universum ende am Großen Endkollaps und jedes Ereignis «danach» sei Teil eines anderen, separaten Universums. Der Vorgang erinnert an die Reinkarnation. Welche Bedeutung kann die Behauptung haben, in einem neugeborenen Kind stecke ein Mensch, der zuvor gestorben sei, wenn das Kind nicht bestimmte Eigenschaften oder Erinnerungen aus seinem vorhergehenden Leben mitbringt? Man könnte ebensogut sagen, es sei ein anderer Mensch.

Liegt die durchschnittliche Dichte des Universums unter dem kritischen Wert, wird es nicht in sich zusammenstürzen, sondern endlos expandieren. Nach einer gewissen Zeit wird die Dichte so gering werden, daß die Schwerkraft die Expansion nicht mehr nennenswert abbremsen kann. Die Galaxien werden mit konstanter Geschwindigkeit auseinanderstreben.

Deshalb lautet die entscheidende Frage zur Zukunft des Universums: Welche durchschnittliche Dichte hat es? Liegt sie unter dem kritischen Wert, wird das Universum auf ewig expandieren. Liegt sie darüber, wird das Universum wieder in sich zusammenstürzen und die Zeit selbst im Großen Kollaps enden. Zum Glück habe ich gewisse Vorteile gegenüber anderen Propheten des Weltuntergangs. Selbst wenn das Universum eines Tages wieder in sich zusammenfallen sollte, kann ich mit Sicherheit vorhersagen, daß es mit seiner Expansion noch mindestens zehn Milliarden Jahre fortfahren wird. Ich rechne nicht damit, dann dazusein, so daß man es mir nicht vorhalten können wird, wenn ich mich geirrt habe.

Wir können versuchen, die durchschnittliche Dichte des Universums aus Beobachtungsdaten zu schließen. Wenn wir die Sterne zählen, die wir sehen, und ihre Massen addieren, kommen wir auf weniger als ein Prozent der kritischen Dichte. Selbst wenn wir die Massen der Gaswolken hinzuzählen, die wir im Universum beobachten, erhalten wir insgesamt nur ungefähr ein Prozent des kritischen Werts. Wir wissen jedoch, daß das Universum sogenannte dunkle Materie enthalten muß, die wir nicht direkt beobachten können. Ein Hinweis auf diese dunkle Materie stammt aus Spiralgalaxien. Das sind riesige pfannkuchenförmige Ansammlungen von Sternen und Gas. Die Beobachtung zeigt, daß sie um ihr Zentrum rotieren. Doch ihre Rotationsgeschwindigkeit ist so hoch, daß sie auseinanderfliegen würden, enthielten sie nur die Sterne und Gase, die wir sehen können. Es muß also irgendeine unsichtbare Form von Materie geben, deren Schwerkraft groß genug ist, um die Galaxien in ihrer Rotationsbewegung zusammenzuhalten.

Ein weiterer Hinweis auf die Existenz dunkler Materie stammt aus den Galaxienhaufen. Wir beobachten, daß Galaxien nicht gleichförmig im All verteilt sind, sondern sich in Haufen anordnen, deren Umfang von einigen wenigen bis zu Millionen Galaxien reicht. Wahrscheinlich haben sich diese Haufen gebildet, weil die Galaxien sich auf Grund ihrer Anziehungskraft zu solchen Gruppen zusammengeschlossen haben. Wenn wir allerdings die Geschwindigkeiten messen, mit denen sich einzelne Galaxien in diesen Haufen bewegen, so erweisen sie sich als so hoch, daß die Haufen auseinanderfliegen müßten, würden sie nicht durch Gravitation zusammengehalten. Dazu ist eine Masse erforderlich, die beträchtlich größer sein muß als die aller im Haufen vorhandenen Galaxien. Daraus folgt, daß es zusätzliche dunkle Materie in den Galaxienhaufen außerhalb der Galaxien, die wir sehen, geben muß.

Die Menge der dunklen Materie in Galaxien und Haufen, für die wir eindeutige Anhaltspunkte haben, läßt sich ziemlich zuverlässig schätzen. Mit dieser Schätzung liegen wir allerdings erst bei ungefähr zehn Prozent der kritischen Dichte, die erforderlich ist, um das Universum wieder kollabieren zu lassen. Wenn man sich also nur nach den Beobachtungsdaten richtete, müßte man vorhersagen, daß das Universum seine Expansion ewig fortsetzen wird. In etwa fünf Milliarden Jahren wird die Sonne ihren Kernbrennstoff aufgebraucht haben. Sie wird sich aufblähen, bis sie ein sogenannter Roter Riese geworden ist und die Erde nebst allen anderen Planeten verschlungen hat. Anschließend wird sie zu einem Weißen Zwerg schrumpfen, einem Stern von nur noch ein paar tausend Kilometern Durchmesser. Mithin kündige ich das Ende der Welt an, allerdings noch nicht gleich. Auf die Börse wird sich diese Vorhersage wohl kaum auswirken. Es dürfte ein, zwei Probleme geben, die dringlicher sind. Jedenfalls sollten wir die Kunst interstellarer Raumfahrt beherrschen, wenn die Sonne anfängt, sich aufzublähen – falls wir uns bis dahin nicht schon selbst zerstört haben.

Nach etwa zehn Milliarden Jahren werden die meisten Sterne im Universum erloschen sein. Sterne mit einer Masse, wie sie die Sonne hat, werden Weiße Zwerge werden oder auch Neutronensterne, die noch kleiner und dichter sind als Weiße Zwerge. Massereichere Sterne können zu Schwarzen Löchern werden, die abermals kleiner sind und so starke Gravitationsfelder besitzen, daß ihnen kein Licht entkommen kann. Doch auch diese Überreste werden nach wie vor das Zentrum unserer Galaxis umkreisen, etwa alle hundert Millionen Jahre einmal. Kollisionen zwischen den Überresten werden dazu führen, daß einige aus der Galaxis hinausgeschleudert werden. Die zurückbleibenden Sternenreste werden das Zentrum auf immer engeren Umlaufbahnen umkreisen und sich schließlich zu einem riesigen Schwarzen Loch im Mittelpunkt der Galaxis zusammenschließen. Woraus auch immer die dunkle Materie in Galaxien und Haufen bestehen mag, es ist zu erwarten, daß auch sie in diese sehr großen Schwarzen Löcher stürzen wird.

Deshalb könnte man annehmen, daß der größte Teil der Materie von Galaxien und Haufen schließlich in Schwarzen Löchern enden wird. Doch vor einiger Zeit habe ich entdeckt, daß Schwarze Löcher gar nicht so schwarz sind, wie sie immer dargestellt werden. Nach dem Unbestimmtheitsprinzip der Quantenmechanik haben Teilchen nicht zugleich einen genau definierten Ort und eine genau definierte Geschwindigkeit. Je genauer man den Ort eines Teilchens bestimmt, desto weniger genau läßt sich seine Geschwindigkeit festlegen und umgekehrt. Wenn sich ein Teilchen in einem Schwarzen Loch befindet, ist sein Ort innerhalb des Schwarzen Loches genau definiert. Damit läßt sich seine Geschwindigkeit nicht genau bestimmen. Deshalb kann die Geschwindigkeit des Teilchens größer als die Lichtgeschwindigkeit sein, womit es in der Lage wäre, aus dem Schwarzen Loch zu entkommen. Auf diese Weise entweichen Teilchen und Strahlung langsam aus dem Schwarzen Loch. Ein riesiges Schwarzes Loch im Zentrum einer Galaxie hätte einen Durchmesser von einigen Millionen Kilometern. Damit wäre der Ort eines Teilchens in seinem Innern außerordentlich unbestimmt. Folglich wäre die Unbestimmtheit in der Geschwindigkeit des Teilchens gering, was bedeutet, daß es sehr lange brauchte, um dem Schwarzen Loch zu entkommen. Ein Schwarzes Loch im Zentrum einer Galaxie würde 10^{90} (eine Eins mit neunzig Nullen) Jahre benötigen, um zu verdunsten und sich vollständig aufzulösen. Das ist weit mehr als das gegenwärtige Alter des Universums, das nur 10^{10} Jahre beträgt – eine Eins, gefolgt von zehn Nullen. Es bliebe jedoch noch genügend Zeit, sollte das Universum auf ewig expandieren.

Die Zukunft eines Universums, das endlos expandieren würde, wäre ziemlich langweilig. Doch es ist keineswegs sicher, daß dies der Fall sein wird. Schlüssige Beweise haben wir nur für ein Zehntel der Dichte, die für eine Kontraktion des Universums erforderlich ist. Aber es könnte noch weitere Arten dunkler Materie geben, die die durchschnittliche Dichte des Universums auf den kritischen Wert oder sogar über ihn hinaus anheben könnten. Diese zusätzliche dunkle Materie müßte sich außerhalb der Galaxien und Galaxienhaufen befinden – sonst hätten wir ihren Einfluß auf die Rotation von Galaxien oder deren Bewegung in Haufen bemerkt.

Warum sollten wir annehmen, es gebe genug dunkle Materie, um das Universum irgendwann zu einem Kollaps zu veranlassen? Warum geben wir uns nicht mit der Materie zufrieden, für die wir eindeutige Beweise haben? Der Grund ist folgender: Das jetzt bekannte Zehntel der kritischen Dichte erfordert eine ungeheuer genau austarierte Festlegung der Dichte und Expansionsrate am Anfang des Universums. Wäre die Dichte des Universums eine Sekunde nach dem Urknall nur um einen Teil pro tausend Milliarden größer gewesen, wäre es schon nach zehn Jahren wieder in sich zusammengestürzt. Wäre andererseits die Dichte damals um den gleichen Betrag geringer gewesen, so wäre das Universum seit etwa dem zehnten Jahr seiner Existenz praktisch leer.

Wieso war die Anfangsdichte des Universums so sorgfältig gewählt? Vielleicht gab es irgendeinen Grund dafür, daß das Universum genau die kritische Dichte haben muß. Zwei Erklärungen scheinen möglich zu sein. Eine ist das sogenannte anthropische Prinzip, das sich folgendermaßen umschreiben läßt: Das Universum ist, wie es ist, weil wir es nicht beobachten könnten, wenn es anders wäre. Dem liegt der Gedanke zugrunde, daß es viele verschiedene Universen mit verschiedenen Dichten geben könnte. Nur diejenigen, die der kritischen Dichte sehr nahe kämen, könnten lange genug existieren und genug Materie enthalten, um die Bildung von Sternen und Planeten zu ermöglichen. Nur in diesem Universum würde es intelligente Wesen geben, die fragen könnten: Warum liegt die Dichte des Universums so nahe am kritischen Wert? Wenn dies die Erklärung der gegenwärtigen Dichte des Universums ist, gibt es keinen Grund zu der Annahme, das Universum enthalte mehr Materie, als wir bereits entdeckt haben. Ein Zehntel der kritischen Dichte wäre genug Materie für die Bildung von Galaxien und Sternen.

Doch vielen Menschen mißfällt das anthropische Prinzip, weil es unserer Existenz zuviel Bedeutung beizumessen scheint. Deshalb hat man versucht, auf andere Weise zu erklären, warum die Dichte so nahe am kritischen Wert liegt. Dieses Bemühen führte zur Theorie einer inflationären Expansion im frühen Universum. Dabei geht man davon aus, daß sich die Größe des Universums immer weiter verdoppelt hat, genauso wie sich die Preise in manchen Ländern mit extremer Inflationsrate alle paar Monate verdoppeln. Doch die Inflation des Universums ist nach diesem Modell noch sehr viel rascher verlaufen: Eine Zunahme um einen Faktor von mindestens einer Milliarde Milliarden Milliarden in einem winzigen Sekundenbruchteil hätte das Universum so nahe an die kritische Dichte gebracht, daß es auch heute noch nicht sehr weit von diesem Wert entfernt wäre. Wenn also das Inflationsmodell richtig ist, muß das Universum genügend dunkle Materie enthalten, um die Dichte auf den kritischen Wert zu bringen. Die Konsequenz wäre, daß das Universum schließlich wieder in sich zusammenstürzen muß, ein Vorgang, der nicht viel länger auf sich warten ließe als fünfzehn Milliarden Jahre, jener Zeitraum also, in dem es bis jetzt expandiert.

Woraus könnte die zusätzliche dunkle Materie bestehen, die

es geben muß, wenn das Inflationsmodell richtig ist? Sie wird sich von der gewöhnlichen Materie unterscheiden, aus der Sterne und Planeten bestehen. Wir können die Mengen der verschiedenen leichten Elemente berechnen, die in den heißen Frühstadien des Universums, in den ersten drei Minuten nach dem Urknall, erzeugt worden sind. Die Mengen dieser leichten Elemente hängen von der Menge gewöhnlicher Materie im Universum ab. Man kann Diagramme zeichnen, in denen die Menge der leichten Elemente auf der senkrechten und die Menge der gewöhnlichen Materie auf der waagerechten Achse aufgetragen werden. Dabei erzielt man gute Übereinstimmung mit den beobachteten Häufigkeiten, wenn die Gesamtmenge der gewöhnlichen Materie heute bei nur einem Zehntel der kritischen Menge liegt. Allerdings könnten diese Berechnungen falsch sein, doch der Umstand, daß wir bei verschiedenen Elementen Übereinstimmung mit den beobachteten Häufigkeiten erzielt haben, ist schon recht beeindruckend.

Wenn es eine kritische Dichte der dunklen Materie gibt, wären die Hauptkandidaten für diese dunkle Materie Relikte aus den frühen Phasen des Universums. Eine Möglichkeit sind Elementarteilchen. Es gibt mehrere hypothetische Kandidaten, Teilchen, von denen wir meinen, daß sie existieren könnten. Sehr vielversprechend ist ein Teilchen, für das es gute Anhaltspunkte gibt, das Neutrino. Früher hatte man angenommen, es habe keine eigene Masse, aber einige jüngere Beobachtungen legen den Schluß nahe, daß das Neutrino möglicherweise doch eine kleine Masse besitzt. Wenn sich diese Vermutung bestätigt und die Messungen den richtigen Wert ergeben, könnten Neutrinos genügend Masse stellen, um die Dichte des Universums auf den kritischen Wert zu bringen.

Eine andere Möglichkeit sind Schwarze Löcher. Es ist denkbar, daß das frühe Universum einen sogenannten Phasenübergang durchlaufen hat. Das Kochen und Gefrieren von Wasser sind Beispiele für Phasenübergänge. Dabei entwickelt ein zunächst gleichförmiges Medium, wie Wasser, Unregelmäßigkeiten (bei Wasser wären das Eisklumpen oder Dampfblasen). Diese Unregelmäßigkeiten könnten kollabieren und Schwarze Löcher bilden. Wären die Schwarzen Löcher sehr klein, dann hätten sie sich heute, wie oben beschrieben, auf Grund der Auswirkungen des Unbestimmtheitsprinzips möglicherweise schon aufgelöst. Doch wenn sie eine Masse von mehr als einigen Milliarden Tonnen (die Masse eines Berges) hätten, wären sie heute noch vorhanden und sehr schwer zu entdecken.

Dunkle Materie, die sehr gleichförmig über das Universum verteilt ist, könnten wir nur an ihrem Einfluß auf die Expansion des Universums erkennen. Man kann bestimmen, wie rasch die Expansion sich verlangsamt, indem man die Geschwindigkeit mißt, mit der ferne Galaxien von uns fortstreben. Entscheidend ist dabei, daß wir diese Galaxien in jener frühen Vergangenheit beobachten, als das Licht sie verließ und sich auf die lange Reise zu uns begab. Man kann in einer Grafik die Geschwindigkeit der Galaxien abhängig von ihrer scheinbaren Helligkeit (Magnitudo) darstellen, die ein Maß für ihre Entfernung von uns ist. Verschiedene Verlaufsformen einer solchen Kurve entsprechen verschiedenen Verlangsamungsraten der Expansion. Eine Kurve, die sich nach oben krümmt, entspricht einem Universum, das in sich zusammenstürzt. Auf den ersten Blick scheinen die Beobachtungen einen Großen Endkollaps nahezulegen. Leider ist aber die scheinbare Helligkeit einer Galaxie kein sehr guter Anhaltspunkt für ihre Entfernung von uns. Es gibt nicht nur erhebliche Schwankungen in der absoluten Helligkeit von Galaxien, sondern auch Hinweise darauf, daß ihre Helligkeit mit der Zeit schwankt. Da wir noch nicht wissen, welche Schwankungsbreite diese Helligkeit im Laufe der Zeit aufweist, können wir auch nicht sagen, wie groß die Verlangsamungsrate ist: ob sie ausreicht, um einen Kollaps des Universums vorherzusagen, oder ob man von einer endlosen Expansion ausgehen muß. Damit werden wir warten müssen, bis wir bessere Methoden entwickelt haben, die Entfernungen von Galaxien zu messen. Wir können indessen sicher sein, daß die Verlangsamungsrate nicht ausreicht, um das Universum in den nächsten drei oder vier Milliarden Jahren in sich zusammenstürzen zu lassen.

Weder die Aussicht, endlos zu expandieren, noch die Vorstellung, in hundert Milliarden Jahren zu kollabieren, sind sehr aufregend. Gibt es irgend etwas, was wir tun können, um die Zukunft interessanter zu machen? Eine Methode wäre zweifellos, uns selbst in ein Schwarzes Loch zu steuern. Es müßte ein ziemlich großes Exemplar sein, das mehr als die millionenfache Sonnenmasse aufwiese, sonst würde den Eindringling der Unterschied zwischen den Gravitationskräften, die auf seinen Kopf und seine Füße einwirkten, zu Spaghetti verarbeiten, noch bevor er sich im Inneren des Schwarzen Loches befände. Doch ist durchaus denkbar, daß sich ein Schwarzes Loch von dieser Größe im Zentrum unserer Galaxis befindet.

Wir wissen nicht ganz genau, was im Inneren eines Schwarzen Loches passiert. Es gibt Lösungen für die Gleichungen der allgemeinen Relativitätstheorie, nach denen man in ein Schwarzes Loch fallen und irgendwo anders aus einem Weißen Loch herauskommen könnte. Ein Weißes Loch ist die Zeitumkehrung eines Schwarzen Loches. Es ist ein Objekt, dem Dinge entweichen, in die aber keine hineinfallen können. Das Weiße Loch könnte in einem anderen Teil des Universums liegen. Damit scheint sich die Möglichkeit für intergalaktische Hochgeschwindigkeitsreisen zu bieten. Der Haken ist nur, daß man zu schnell wäre. Wenn Reisen durch Schwarze Löcher möglich wären, ließe sich nicht ausschließen, daß man schon vor der Abreise wieder zurück wäre. Dann könnte man etwas tun – etwa seine Mutter ins Jenseits befördern –, was die Abreise völlig unmöglich machen würde.

Doch scheinen die Gesetze der Physik – vielleicht zum Glück für unser Überleben (und das unserer Mütter) – solche Zeitreisen nicht zuzulassen. Offenbar gibt es ein Chronologieschutzamt, welches das Weltbild der Historiker sichert, indem es Reisen in die Vergangenheit verhindert. Als Folge des Unbestimmtheitsprinzips würden, so scheint es, große Mengen von Strahlung entstehen, wenn man in die Vergangenheit reiste. Diese Strahlung würde die Raumzeit entweder so in sich krümmen, daß es nicht möglich wäre, in der Zeit zurückzugehen, oder sie würde die Raumzeit veranlassen, in einer Singularität zu enden, wie es im Urknall oder im Großen Kollaps geschieht. In jedem Fall wäre unsere Vergangenheit vor Menschen mit bösen Absichten geschützt. Für die Hypothese des Chronologieschutzes sprechen Berechnungen, die einige Wissenschaftler, unter ihnen auch ich, in letzter Zeit durchgeführt haben. Doch der beste Beweis dafür, daß Zeitreisen nicht möglich sind und nie möglich sein werden, ist die Tatsache, daß wir bis jetzt noch nicht von Touristenhorden aus der Zukunft heimgesucht worden sind.

Fassen wir zusammen: Wissenschaftler glauben, das Universum sei genau definierten Gesetzen unterworfen, die uns im Prinzip gestatten, die Zukunft vorherzusagen. Doch die von diesen Gesetzen vorgegebene Bewegung ist häufig chaotisch. Eine winzige Veränderung der Anfangssituation kann eine rasch anwachsende Veränderung im nachfolgenden Verhalten bewirken. So kann man in der Praxis häufig nur eine ziemlich kurze Zeitstrecke der Zukunft vorhersagen. Hingegen erscheint das Verhalten des Universums in sehr großem Maßstab einfach und nichtchaotisch. Deshalb kann man vorhersagen, ob das Universum ewig expandieren oder schließlich wieder in sich zusammenfallen wird. Das hängt von seiner gegenwärtigen Dichte ab. Tatsächlich scheint die gegenwärtige Dichte sehr nahe am kritischen Wert zu liegen, der den Kollaps von der endlosen Expansion trennt. Wenn das Inflationsmodell richtig ist, steht das Schicksal des Universums auf des Messers Schneide. Also bleibe ich ganz in der bewährten Tradition der Orakel und Propheten, wenn ich auf Nummer Sicher gehe und beide Möglichkeiten vorhersage.

Desert Island Discs
Ein Interview

Die BBC-Sendung «Desert Island Discs» gibt es seit 1942; sie ist damit die älteste aller Sendereihen des britischen Rundfunks. In England ist sie zu einer nationalen Institution geworden. Im Laufe der Jahre ist die Liste der Gäste zu beeindruckender Länge angewachsen. Auf ihr finden sich Schriftsteller, Schauspieler, Musiker, Filmschauspieler und -regisseure, Sportler, Komiker, Köche, Gärtner, Lehrer, Tänzer, Politiker, gekrönte Häupter, Karikaturisten – und Wissenschaftler. Die Gäste, immer in der Rolle von Schiffbrüchigen, werden aufgefordert, acht Schallplatten auszuwählen, die sie mit sich nehmen würden, wenn es sie allein auf eine einsame Insel verschlüge. Außerdem sollen sie einen Luxusartikel (kein Lebewesen) und ein Buch nennen, die sie in den Koffer packen würden (wobei vorausgesetzt wird, daß der zur Religion des Gastes gehörende Text – die Bibel, der Koran oder Entsprechendes – zusammen mit Shakespeares Werken auf der Insel bereitläge). Natürlich gibt es auch eine Möglichkeit zum Abspielen der Platten. Früher hieß es im Vorspann zur Sendung: «...angenommen, es gibt ein Grammophon und einen unerschöpflichen Vorrat an Nadeln, um sie zu spielen...» Heute wird ein CD-

Player mit Solarzellen als zeitgemäßes Wiedergabegerät vorausgesetzt.

Die Sendung wird wöchentlich ausgestrahlt, und während des Interviews, das normalerweise vierzig Minuten dauert, werden die von den Gästen genannten Platten gespielt. Doch dieses Gespräch mit Stephen Hawking, das am Weihnachtstag des Jahres 1992 gesendet wurde, war eine Ausnahme und dauerte länger.

Die Interviewerin ist Sue Lawley.

LAWLEY: In mancher Hinsicht sind Sie, Stephen, natürlich schon vertraut mit der isolierten Situation auf einer verlassenen Insel, abgeschnitten vom normalen physischen Leben und allen natürlichen Verständigungsmöglichkeiten. Wie einsam ist das für Sie?

HAWKING: Ich finde nicht, daß ich vom normalen Leben abgeschnitten bin, und ich glaube auch nicht, daß die Menschen in meiner Umgebung das sagen würden. Im übrigen fühle ich mich nicht als Behinderter, nur als jemand, der unter einer bestimmten Funktionsstörung seiner Motoneuronen leidet, so als wäre ich farbenblind. Wahrscheinlich kann man mein Leben kaum als gewöhnlich bezeichnen, aber subjektiv empfinde ich es als normal.

LAWLEY: Jedenfalls haben Sie sich selbst im Gegensatz zu den meisten Schiffbrüchigen in der Sendung *Desert Island Discs* bewiesen, daß Sie seelisch und geistig autark sind, daß Sie genügend Theorien und Eingebungen haben, um sich allein zu beschäftigen.

HAWKING: Ich glaube, ich bin von Natur aus ein bißchen introvertiert, und meine Verständigungsschwierigkeiten haben mich gezwungen, mich auf mich selbst zu beziehen. Aber als Kind war ich äußerst redselig. Ich brauche das Gespräch mit anderen Menschen als Anregung. Für meine Arbeit ist es eine große Hilfe, wenn ich anderen meine Ideen erläutere. Selbst wenn sie keine Vorschläge machen, ergibt sich aus der Notwendigkeit, meine Gedanken so zu ordnen, daß ich sie anderen erklären kann, häufig ein neuer Ansatzpunkt.

LAWLEY: Aber was ist mit Ihren emotionalen Bedürfnissen, Stephen? Auch ein hervorragender Physiker braucht doch sicher andere Menschen.

HAWKING: Die Physik ist wunderbar, aber völlig kalt. Ich käme mit meinem Leben nicht zurecht, wenn ich nur die Physik hätte. Wie jeder andere Mensch brauche ich Wärme, Liebe und Zuneigung. Und auch hier habe ich großes Glück, weit mehr Glück als andere Menschen mit meiner Behinderung, weil mir viel Liebe und Zuneigung zuteil werden. Auch die Musik ist sehr wichtig für mich.

LAWLEY: Erzählen Sie, was macht Ihnen größere Freude, die Physik oder die Musik?

HAWKING: Ich muß sagen, daß die Freude, die ich empfinde, wenn in der Physik plötzlich alles stimmt, alles am richtigen Platz ist, intensiver ist, als ich es jemals in der Musik erlebt habe. Aber so etwas passiert nur ein paarmal im Leben eines Physikers, während man eine Platte auflegen kann, sooft man möchte.

LAWLEY: Und welche Platte würden Sie auf Ihrer verlassenen Insel zuerst spielen?

HAWKING: *‹Gloria›* von Poulenc. Im letzten Sommer habe ich das Stück zum erstenmal in Aspen, Colorado, gehört. Aspen ist eigentlich ein Wintersportort, aber im Sommer gibt es dort Physiktagungen. Neben dem physikalischen Kongreßzentrum befindet sich ein riesiges Zelt, in dem ein Musikfestival stattfindet. Während man sitzt und überlegt, was geschieht, wenn Schwarze Löcher verdunsten, kann man die Proben hören. Das ist wunderbar. Es verbindet meine beiden größten Leidenschaften, die Physik und die Musik. Wenn ich beide auf meiner einsamen Insel haben kann, möchte ich nicht gerettet werden. Das heißt, so lange nicht, bis ich eine Entdeckung in der theoretischen Physik gemacht habe, die ich aller Welt verkünden möchte. Ich nehme an, eine Satellitenschüssel, mit der ich physikalische Artikel empfangen könnte, würde gegen die Regeln verstoßen. (MUSIK.)

LAWLEY: Das Radio kann körperliche Beeinträchtigungen verbergen, doch in diesem Fall verdeckt es noch etwas anderes. Vor sieben Jahren haben Sie buchstäblich Ihre Stimme verloren, Stephen. Würden Sie mir erzählen, was geschehen ist?

HAWKING: Im Sommer 1985 war ich in Genf, am CERN, dem großen Teilchenbeschleuniger. Ich wollte nach Bayreuth, um den Opernzyklus ‹*Der Ring des Nibelungen*› von Wagner zu hören. Doch ich bekam eine Lungenentzündung und wurde mit Blaulicht ins Krankenhaus gebracht. Im Genfer Krankenhaus erklärte man meiner Frau, es habe keinen Zweck, die Geräte eingeschaltet zu lassen. Doch sie wollte davon nichts hören. Daraufhin hat man mich ins Addenbrookes Hospital in Cambridge geflogen, wo der Chirurg Roger Grey einen Luftröhrenschnitt vornahm. Die Operation rettete mir das Leben, raubte mir aber die Stimme.

LAWLEY: Aber Ihre Sprache war damals schon sehr verzerrt und schwer zu verstehen, oder? Wahrscheinlich hätten Sie doch Ihre Sprechfähigkeit ohnehin verloren?

HAWKING: Obwohl meine Stimme verzerrt und nicht leicht zu verstehen war, konnte ich mich mit den Menschen in meiner

Umgebung noch verständigen. Mit Hilfe eines Dolmetschers konnte ich Vorträge halten, und wissenschaftliche Aufsätze konnte ich auch diktieren. Aber nach meiner Operation war ich eine Zeitlang verzweifelt. Ohne meine Stimme schien es mir nicht der Mühe wert weiterzumachen.

LAWLEY: Dann erfuhr ein kalifornischer Computerexperte von Ihren Schwierigkeiten und schickte Ihnen eine Stimme. Wie funktioniert sie?

HAWKING: Walt Woltosz heißt er. Seine Schwiegermutter hatte unter der gleichen Krankheit gelitten wie ich. Deshalb hatte er ein Computerprogramm entwickelt, mit dem sie sich verständigen konnte. Ein Cursor bewegt sich über den Bildschirm. Wenn er sich auf dem Wort befindet, das man auswählen will, kann man einen Schalter durch Kopf- und Augenbewegung bedienen; bei mir geht es mit der Hand. Auf diese Weise kann ich Wörter aussuchen, die dann auf der unteren Bildschirmhälfte erscheinen. Wenn ich zusammengestellt habe, was ich sagen möchte, kann ich es an einen Sprachsynthesizer überspielen oder auf Diskette speichern.

LAWLEY: Aber das dauert lange.

HAWKING: Richtig, ungefähr zehnmal so lange wie beim normalen Sprechen. Dafür ist der Sprachsynthesizer viel besser zu verstehen als ich vorher. Engländer bezeichnen seinen Akzent als amerikanisch, während Amerikaner meinen, er sei skandinavisch oder irisch. Egal, was für ein Akzent es ist, jedenfalls kann ihn jeder verstehen. Meine älteren Kinder haben sich an meine natürliche Stimme gewöhnt, während sie allmählich schlechter wurde, aber mein jüngster Sohn, der erst sechs Jahre alt war, als ich mich der Luftröhrenoperation unterziehen mußte, konnte mich vorher nie verstehen. Jetzt hat er keine Schwierigkeiten mehr. Das bedeutet viel für mich.

LAWLEY: Das bedeutet auch, daß Sie sich alle Interviewfragen vorlegen lassen können und nur zu antworten brauchen, wenn Sie gut vorbereitet sind, nicht wahr?

HAWKING: Bei langen, aufgezeichneten Sendungen wie dieser hilft es, wenn ich mir die Fragen vorher geben lasse. Dann dauert es nicht Stunden und Stunden, bis ich die Antworten fertig habe. In gewisser Weise habe ich die Situation dann besser im Griff. Sonst aber ist es mir viel lieber, Fragen direkt zu beantworten. Nach meinen Vorträgen mache ich das immer.

LAWLEY: Aber wie Sie sagen, bedeutet dieses Procedere, daß Sie die Situation im Griff haben, und ich weiß, daß Sie darauf großen Wert legen. Ihre Angehörigen und Freunde bezeichnen Sie manchmal als eigensinnig und rechthaberisch. Bekennen Sie sich in diesem Punkt schuldig?

HAWKING: Jeder Mensch, der intelligent ist, wird gelegentlich für eigensinnig gehalten. Ich würde mich lieber als entschlossen bezeichnen. Wäre ich das nicht, so wäre ich jetzt nicht hier.

LAWLEY: Sind Sie das immer gewesen?

HAWKING: Ich möchte nur in gleichem Maße über mein Leben bestimmen wie andere Menschen auch. Viel zu häufig werden Behinderte von anderen bevormundet. Kein Nichtbehinderter würde sich das gefallen lassen.

LAWLEY: Hören wir jetzt Ihre zweite Platte.

HAWKING: Das Violinkonzert von Brahms. Das war die erste LP, die ich mir gekauft habe. Es war 1957, als in England Platten mit 33 Umdrehungen gerade aufkamen. Mein Vater hätte es für eine unverzeihliche Verschwendung gehalten, einen Plattenspieler zu kaufen, aber ich überzeugte ihn davon, daß ich ein Gerät aus billigen Einzelteilen zusammenbauen könnte. Das sprach seine Yorkshire-Sparsamkeit an. Plattenteller und Verstärker baute ich in das Gehäuse eines alten Grammophons mit 78 Umdrehungen ein. Wenn ich das Gerät behalten hätte, wäre es jetzt sehr wertvoll.

Nachdem ich den Plattenspieler zusammengebastelt hatte, brauchte ich etwas, was ich darauf spielen konnte. Ein Schulkamerad schlug das Violinkonzert von Brahms vor, da niemand aus unserem Freundeskreis an der Schule die Platte besaß. Ich weiß noch, daß sie fünfunddreißig Shilling kostete, was damals viel Geld war, besonders für mich. Die Plattenpreise sind inzwischen gestiegen, aber gemessen an der Kaufkraft kosten sie heute weit weniger.

Als ich die Platte zum erstenmal im Geschäft hörte, fand ich, daß sie ziemlich seltsam klang, und ich war mir nicht sicher, ob sie mir gefiel. Aber ich glaubte, ich müßte es behaupten. Im Laufe der Jahre ist sie mir dann sehr ans Herz gewachsen. Ich möchte den Anfang des langsamen Satzes spielen. (MUSIK.)

LAWLEY: Ein alter Freund von Ihnen hat gesagt, als Sie Jungen waren, sei ihm Ihre Familie, ich zitiere wörtlich, «sehr intelligent, sehr klug und sehr exzentrisch» erschienen. Würden Sie das in der Rückschau für eine zutreffende Beschreibung halten?

HAWKING: Ob meine Familie intelligent war, kann ich nicht beurteilen, aber wir hielten uns mit Sicherheit nicht für exzentrisch. Nach den Maßstäben von St. Albans, das ein ziemlich spießiger Ort war, als wir dort lebten, dürften wir aber diesen Eindruck erweckt haben.

LAWLEY: Und Ihr Vater war ein Fachmann für Tropenkrankheiten.

HAWKING: Mein Vater war in der tropenmedizinischen Forschung tätig. Sehr häufig reiste er nach Afrika, um vor Ort neue Medikamente zu erproben.

LAWLEY: Hat dann Ihre Mutter größeren Einfluß auf Sie gehabt, und wenn, wie würden Sie diesen Einfluß kennzeichnen?

HAWKING: Nein, ich würde sagen, daß mein Vater größeren Einfluß hatte. Er war mein Vorbild. Weil er in der Forschung war, entschied ich mich ganz selbstverständlich für die wissenschaftliche Forschung, sobald ich erwachsen war. Der einzige Unterschied war, daß ich mich nicht für die Medizin oder Biologie begeistern konnte, weil sie mir nicht exakt genug, zu deskriptiv erschienen. Mir stand der Sinn nach Grundsätzlicherem, und das fand ich in der Physik.

LAWLEY: Ihre Mutter hat gesagt, Sie hätten immer eine besondere Fähigkeit besessen, die Fähigkeit zum Staunen, wie sie es genannt hat. «Ich konnte sehen, wie die Sterne ihn anzogen», hat sie gesagt. Erinnern Sie sich daran?

HAWKING: Ich weiß noch, daß ich eines Abends spät aus London zurückkam. Damals wurden die Straßenlaternen um Mitternacht ausgeschaltet, um Geld zu sparen. Ich sah den Nachthimmel, wie ich ihn noch nie gesehen habe, mit der Milchstraße, die sich quer über ihn hinwegzog. Auf meiner einsamen Insel wird es keine Straßenlaternen geben. Da werde ich die Sterne gut sehen können.

LAWLEY: Offenbar sind Sie als Kind sehr intelligent gewesen. Zu Hause beim Spielen mit Ihrer Schwester lag Ihnen sehr daran zu gewinnen, aber in der Schule konnten Sie praktisch der Letzte in der Klasse sein, und es hat Ihnen nichts ausgemacht. Stimmt das?

HAWKING: Das war in meinem ersten Jahr in der St. Albans School, aber ich muß dazu sagen, daß es eine sehr intelligente Klasse war. Und in Prüfungen schnitt ich weit besser ab als im Unterricht. Ich war überzeugt davon, daß ich in Wirklichkeit mehr leisten konnte; es waren nur meine Handschrift und meine allgemeine Unordnung. Deshalb wurde ich so niedrig eingestuft.

LAWLEY: Platte Nummer drei?

HAWKING: Als Studienanfänger in Oxford habe ich Aldous Huxleys Roman ‹*Kontrapunkt des Lebens*› gelesen. Er ist als Porträt der dreißiger Jahre gedacht und präsentiert eine enorme Fülle von Personen. Zumeist sind sie ziemlich papieren, aber eine Figur gibt es, die menschlicher wirkt und offensichtlich Züge von Huxley selbst trägt. Dieser Mann tötet den Führer der englischen Faschisten, eine Person, die Sir Oswald Mosley zum Vorbild hat. Anschließend läßt der Held die Partei wissen, was er getan hat, und spielt Beethovens Streichquartett Opus 132 auf dem Grammophon. In der Mitte des dritten Satzes klingelt es an der Tür, er öffnet und wird von den Faschisten erschossen.

Der Roman ist wirklich schlecht, aber Huxley hatte den richtigen Griff, als er diese Musik auswählte. Wenn ich wüßte, daß eine Flutwelle unterwegs wäre, um meine einsame Insel zu verschlingen, würde ich den dritten Satz dieses Quartetts spielen. (MUSIK.)

LAWLEY: Sie gingen an das University College in Oxford, um Mathematik und Physik zu studieren, wo Sie nach eigenen Berechnungen eine Stunde pro Tag gearbeitet haben. Allerdings habe ich gelesen, daß Sie gern ruderten, Bier tranken und Streiche ausheckten. Wo lag das Problem? Warum konnten Sie sich nicht zur Arbeit aufraffen?

HAWKING: Das war Ende der fünfziger Jahre, und die meisten jungen Leute waren von dem sogenannten Establishment enttäuscht. Das Leben schien nichts als Wohlstand und noch mehr Wohlstand bieten zu können. Die Konservativen hatten ihren dritten Wahlsieg mit dem Slogan «Nie waren die Zeiten so gut wie heute» errungen. Die meisten meiner Zeitgenossen waren vom Leben gelangweilt.

LAWLEY: Trotzdem gelang es Ihnen, in wenigen Stunden Aufgaben zu lösen, die Ihre Kommilitonen in ebenso vielen Wochen nicht schafften. Nach dem, was diese Freunde erzählen, waren *sie* sich offenbar darüber klar, daß Sie außergewöhnlich begabt waren. Haben Sie es auch gemerkt?

HAWKING: Damals war das Physikstudium in Oxford lächerlich einfach. Man konnte sich ohne Vorlesung durchschummeln, wenn man nur ein- oder zweimal pro Woche zu den Tutorensitzungen ging. Viele Fakten brauchte man sich nicht zu merken, nur ein paar Gleichungen.

LAWLEY: Aber in Oxford haben Sie auch zum erstenmal festgestellt, daß Ihre Hände und Füße nicht mehr ganz so wollten wie Sie. Wie haben Sie sich das damals erklärt?

HAWKING: Tatsächlich habe ich zuerst gemerkt, daß ich einen Einer nicht mehr richtig rudern konnte. Dann stürzte ich ziemlich schlimm auf der Treppe des Gemeinschaftsraums für Studenten. Daraufhin bin ich zum Collegearzt gegangen, weil ich Angst hatte, mein Gehirn könnte Schaden genommen haben, aber er fand nichts Beunruhigendes und riet mir, weniger Bier zu trinken. Nach meinem Abschlußexamen in Oxford unternahm ich den Sommer über eine Reise nach Persien. Ich war eindeutig schwächer, als ich zurückkam, führte das aber auf eine schlimme Magenverstimmung zurück, unter der ich dort gelitten hatte.

LAWLEY: Wann haben Sie sich zu der Erkenntnis durchgerungen, daß Ihnen wirklich etwas fehlte, und einen Arzt aufgesucht?

HAWKING: Ich war damals in Cambridge und fuhr über Weihnachten nach Hause. Das war in dem sehr kalten Winter 62/63. Ich ließ mich von meiner Mutter zum Schlittschuhlaufen auf dem See in St. Albans überreden, obwohl ich wußte, daß ich dazu nicht mehr in der Lage war. Ich fiel hin und hatte große Schwierigkeiten aufzustehen. Meine Mutter bemerkte, daß etwas nicht stimmte, und brachte mich zu unserem Hausarzt.

LAWLEY: Und dann folgten drei Wochen Krankenhaus und zum Schluß die schreckliche Eröffnung?

HAWKING: Ja, es war das Barts Hospital in London, weil mein Vater dort ausgebildet worden war. Zwei Wochen wurde ich untersucht, aber erfuhr nichts Genaues, nur daß es nicht multiple Sklerose und daß ich ein atypischer Fall war. Niemand sagte mir, wie meine Chancen standen, aber ich ahnte, daß die Lage ziemlich aussichtslos war, und verspürte deshalb keine Lust nachzufragen.

LAWLEY: Schließlich hat man Ihnen dann doch mitgeteilt, daß Sie nur noch etwa zwei Jahre zu leben hätten. Unterbrechen wir hier Ihre Geschichte, und hören wir die nächste Platte.

HAWKING: ‹*Die Walküre*›, erster Akt. Dies ist eine weitere frühe Aufnahme, mit Melchior und Lehmann. Ursprünglich wurde sie vor dem Krieg auf achtundsiebziger Platten aufgenommen. Anfang der sechziger Jahre hat man sie auf eine LP überspielt. Als 1963 ALS bei mir festgestellt wurde, habe ich viel Wagner gehört, da er gut zu meiner düsteren und apokalyptischen Stimmung paßte. Leider ist mein Sprachsynthesizer ziemlich ungebildet und spricht den Namen englisch aus. Deshalb muß ich ihm V-A-R-G-N-E-R eingeben, um die richtige Aussprache zu erhalten.

Die vier Opern des ‹*Ring*›-Zyklus sind Wagners größtes Werk. 1964 habe ich sie mit meiner Schwester Philippa in Bayreuth gesehen. Damals kannte ich den ‹*Ring*› nicht sehr gut, und die ‹*Walküre*›, die zweite Oper des Zyklus, machte einen enormen Eindruck auf mich. In der Inszenierung von Wolfgang Wagner war die Bühne fast völlig dunkel. Es geht um die Liebesgeschichte der Zwillinge Siegmund und Sieglinde, die in ihrer Kindheit getrennt wurden. Als Siegmund im Haus von Hunding, Sieglindes Ehemann und Siegmunds Feind, Zuflucht sucht, begegnen sie sich wieder. Der Ausschnitt, den ich vorspielen möchte, ist Sieglindes Klage über die erzwungene Heirat mit Hunding. Während der Feierlichkeiten betritt ein alter Mann die Halle. Das Orchester spielt das Walhalla-Motiv, eines der prächtigsten Themen des ‹*Rings*›, denn es ist Wotan, der Götterherrscher und Vater von Siegmund und Sieglinde. Er rammt ein Schwert in einen Baumstamm. Das Schwert ist für Siegmund bestimmt. Am Ende des Aktes zieht Siegmund es heraus und flieht mit seiner Schwester in den Wald. (MUSIK.)

LAWLEY: Wenn man über Sie liest, Stephen, hat man fast den Eindruck, als hätte Sie das Todesurteil – die Mitteilung, daß Sie nur noch zwei Jahre zu leben hätten – gewissermaßen aufgeweckt, Sie dazu gebracht, sich dem Leben zuzuwenden.

HAWKING: Zunächst hat es mich deprimiert. Mein Zustand schien sich ziemlich schnell zu verschlechtern. Ich sah keinen Sinn darin, irgend etwas zu tun oder an meiner Promotion zu arbeiten, weil ich nicht wußte, ob ich lange genug leben würde, um sie zu beenden. Doch dann verbesserte sich die Situation. Der Krankheitsverlauf verlangsamte sich, und ich kam mit meiner Arbeit voran, vor allem mit dem Beweis, daß das Universum im Urknall einen Anfang gehabt haben muß.

LAWLEY: In einem Interview haben Sie gesagt, Sie glauben, Sie seien heute glücklicher als vor Ihrer Krankheit.

HAWKING: Mit Sicherheit bin ich heute glücklicher. Bevor ich ALS bekam, hat mich das Leben gelangweilt. Doch die Aussicht auf einen frühen Tod brachte mir zu Bewußtsein, wie wertvoll das Leben ist. Es gibt so viele Dinge, die man tun kann, die jeder tun kann. Mit einem gewissen Stolz glaube ich, daß ich trotz meiner Krankheit einen bescheidenen, aber wichtigen Beitrag zum Wissen der Menschheit geleistet habe. Natürlich habe ich sehr viel Glück gehabt, aber jeder kann etwas erreichen, wenn er es intensiv genug versucht.

LAWLEY: Würden Sie so weit gehen zu sagen, daß Sie vielleicht nicht soviel erreicht hätten, wenn Sie nicht ALS bekommen hätten, oder ist das zu simpel?

HAWKING: Nein, ich glaube nicht, daß ALS für irgend jemanden von Vorteil sein kann. Doch für mich war die Krankheit nicht so schlimm wie für andere, weil sie mich nicht daran hinderte zu tun, was ich tun wollte, nämlich zu verstehen, welche Gesetzmäßigkeiten das Universum bestimmen.

LAWLEY: Die zweite Hilfe im Kampf gegen die Krankheit war eine junge Frau namens Jane Wilde, die Sie auf einer Party kennenlernten, in Ihr Herz schlossen und heirateten. Was würden Sie sagen: Inwieweit haben Sie Ihren Erfolg Jane zu verdanken?

HAWKING: Ohne sie hätte ich es sicher nicht geschafft. Die Verlobung mit ihr hat mich aus der tiefen Verzweiflung gerissen, in der ich mich befand. Wenn wir heiraten wollten, mußte ich eine Stellung finden, und dazu mußte ich meine Promotion abschließen. Ich begann intensiv zu arbeiten und stellte fest, daß es mir Spaß machte. Als meine Krankheit sich verschlimmerte, hat Jane mich ganz allein gepflegt. Damals hat uns niemand Hilfe angeboten, und wir hätten uns auf keinen Fall eine Pflegerin leisten können.

LAWLEY: Und gemeinsam straften Sie die Ärzte Lügen, nicht nur indem Sie weiterlebten, sondern auch indem Sie Kinder bekamen: 1969 wurde Robert geboren, 1970 Lucy und 1979 Timothy. Wie erstaunt waren die Ärzte?

HAWKING: Der Arzt, der die Diagnose gestellt hatte, wollte nichts mehr mit mir zu tun haben. Er glaubte, da ließe sich nichts mehr machen. Nach der Untersuchung habe ich ihn nie wieder gesehen. Daraufhin übernahm mein Vater die Behandlung, und an seine Ratschläge hielt ich mich. Von ihm weiß ich, daß es keine Anhaltspunkte für eine Vererbung der Krankheit gibt. Jane hat sich um mich und die beiden Kinder gekümmert. Erst als unser drittes Kind, Tim, geboren wurde, mußten wir Pflegerinnen für mich einstellen.

LAWLEY: Aber Sie und Jane leben nicht mehr zusammen.

HAWKING: Nach meiner Luftröhrenoperation mußte ich rund um die Uhr gepflegt werden. Das bedeutete eine immer größere Belastung für unsere Ehe. Schließlich zog ich aus; heute lebe ich in einer anderen Wohnung in Cambridge. Wir sind getrennt.

LAWLEY: Hören wir wieder Musik.

HAWKING: ‹*Please Please Me*› von den Beatles. Nach meinen ersten vier ziemlich ernsten Stücken brauche ich etwas Leichteres zur Erholung. Für mich und viele Altersgenossen brachten die Beatles frischen Wind in die ziemlich fade und spießige Popszene. Samstag abends hörte ich die Top Twenty von Radio Luxemburg. (MUSIK.)

LAWLEY: Trotz aller Ehrungen, die Ihnen zuteil wurden, Stephen Hawking – und hier ist besonders darauf hinzuweisen, daß Sie auf den Lukasischen Lehrstuhl für Physik, Newtons Lehrstuhl, berufen wurden –, entschlossen Sie sich dazu, ein populärwissenschaftliches Buch über Ihre Arbeit zu schreiben, aus einem, wie ich finde, sehr einfachen Grund: Sie brauchten Geld.

HAWKING: Zwar wollte ich mit einem populärwissenschaftlichen Buch ein bißchen Geld verdienen, doch vor allem habe ich ‹*Eine kurze Geschichte der Zeit*› geschrieben, weil es mir Spaß machte. Ich war von den Entdeckungen begeistert, die in den letzten fünfundzwanzig Jahren gemacht worden sind, und ich wollte den Menschen davon berichten. Ich hätte nie erwartet, daß es so erfolgreich sein würde.

LAWLEY: Tatsächlich hat es alle Erwartungen übertroffen und ist durch die Zeit, die es auf der Bestsellerliste war – dort ist es übrigens noch immer –, in das ‹*Guinness-Buch der Rekorde*› eingegangen. Niemand scheint zu wissen, wie viele Exemplare weltweit verkauft worden sind, aber man kann mit Sicherheit davon ausgehen, daß es mehr als zehn Millionen sind. Offenbar kaufen es die Leute, doch die Frage bleibt: Lesen sie es auch?

HAWKING: Ich weiß, daß Bernard Levin über Seite 29 nicht hinausgekommen ist, aber ich kenne viele Leute, die es weiter geschafft haben. In der ganzen Welt kommen Leute zu mir und erzählen mir, wie sehr es ihnen gefallen hat. Sie haben es vielleicht nicht ganz zu Ende gelesen oder nicht alles verstanden, was sie gelesen haben. Aber zumindest haben sie die Vorstellung gewonnen, daß unser Universum von rationalen Gesetzen bestimmt wird, die wir entdecken und verstehen können.

LAWLEY: Zunächst sprach das Konzept der Schwarzen Löcher die Phantasie des breiten Publikums an, das hat das Interesse an der Kosmologie wieder aufleben lassen. Haben Sie sich alle diese ‹*Star-Trek*›-Filme angesehen, diese Geschichten von kühnen Männern, die sich «dorthin wagen, wo noch kein Mensch gewesen ist», und wenn, haben sie Ihnen gefallen?

HAWKING: Als Jugendlicher habe ich viele Science-fiction-Bücher gelesen. Aber heute, wo ich selbst auf dem Gebiet arbeite, finde ich die meisten Science-fiction-Produkte ein bißchen oberflächlich. Es läßt sich leicht über Hyperraum-Antrieb und das «Beamen» von Menschen schreiben, wenn man das nicht in ein schlüssiges Gesamtbild bringen muß. Echte Wissenschaft ist viel spannender, weil sie mit den Dingen zu tun hat, die es tatsächlich dort draußen gibt. Science-fiction-Autoren haben nie von Schwarzen Löchern geschrieben, bevor die Physiker nicht an sie gedacht haben. Heute gibt es konkrete Anhaltspunkte für die Existenz einer Anzahl von Schwarzen Löchern.

LAWLEY: Was würde geschehen, wenn man in ein Schwarzes Loch fiele?

HAWKING: Jeder, der Science-fiction-Geschichten liest, weiß, was geschieht, wenn man in ein Schwarzes Loch fällt. Man wird zu Spaghetti verarbeitet. Doch interessanter ist, daß Schwarze Löcher nicht vollständig schwarz sind. Stetig geben sie Teilchen und Strahlung ab. Das führt zu einer langsamen Verdunstung des Schwarzen Loches. Aber was am Ende mit dem Schwarzen Loch und seinem Inhalt geschieht, weiß niemand. Das ist ein höchst interessantes Forschungsgebiet, das die Science-fiction-Autoren bislang noch nicht aufgearbeitet haben.

LAWLEY: Und die erwähnte Strahlung heißt natürlich Hawking-Strahlung. Entdeckt haben Sie die Schwarzen Löcher zwar nicht, aber Sie haben bewiesen, daß sie nicht schwarz sind. War es die Entdeckung dieser Löcher, die Sie dazu gebracht hat, eingehender über den Ursprung des Universums nachzudenken?

HAWKING: Der Kollaps eines Sterns, bei dem sich ein Schwarzes Loch bildet, gleicht in vieler Hinsicht der zeitlichen Umkehr der Expansion unseres Universums. Ein Stern kollabiert aus einem Zustand mit ziemlich geringer Dichte in einen mit sehr hoher Dichte. Und das Universum expandiert aus einem Zustand mit sehr hoher Dichte in Zustände niedrigerer Dichte. Einen wichtigen Unterschied gibt es: Wir befinden uns außerhalb des Schwarzen Loches, aber innerhalb des Universums. Beide sind durch Wärmestrahlung charakterisiert.

LAWLEY: Sie sagen, man weiß nicht, was am Ende mit einem Schwarzen Loch und seinem Inhalt geschieht, aber ich dachte, die Theorie besagt, daß, ganz gleich was geschieht, alles, was im Schwarzen Loch verschwindet – auch ein Astronaut –, schließlich als Hawking-Strahlung recycelt würde.

HAWKING: Der Rest der Masse-Energie des Astronauten wird als Strahlung recycelt, die vom Schwarzen Loch emittiert wird. Doch weder der Astronaut noch die Teilchen, aus denen er besteht, würden wieder aus dem Schwarzen Loch herauskommen. Die Frage ist also, was geschieht mit ihnen? Werden sie vernichtet oder gelangen sie in ein anderes Universum? Das ist etwas, was ich schrecklich gern wissen würde. Allerdings denke ich deshalb nicht daran, in ein Schwarzes Loch zu springen.

LAWLEY: Arbeiten Sie intuitiv, Stephen – das heißt, entwerfen Sie zunächst eine Theorie, die Sie mögen und die Ihnen gefällt, und machen Sie sich dann an die Arbeit, sie zu beweisen? Oder müssen Sie sich als Wissenschaftler logisch zu einer Schlußfolgerung vorarbeiten, ohne daß Ihnen der Versuch gestattet ist, sie im voraus zu erraten?

HAWKING: Ich verlasse mich sehr oft auf die Intuition und versuche, ein Ergebnis zu erraten, doch dann muß ich es beweisen. Und in dieser Phase stelle ich sehr häufig fest, daß die Dinge, so wie ich sie mir vorgestellt habe, nicht stimmen oder daß eine ganz andere Situation vorliegt, an die ich nie gedacht habe. So habe ich festgestellt, daß Schwarze Löcher nicht vollständig schwarz sind. Dabei wollte ich etwas ganz anderes beweisen.

LAWLEY: Machen wir wieder Musik.

HAWKING: Mozart ist immer einer meiner Lieblingskomponisten gewesen. Er hat unglaublich viel Musik geschrieben. Zu meinem fünfzigsten Geburtstag am Anfang dieses Jahres habe ich seine vollständigen Werke auf CD bekommen, mehr als zweihundert Stunden. Ich bin noch immer dabei, mich hindurchzuarbeiten. Eines der wunderbarsten Stücke ist das ‹*Requiem*›. Mozart starb vor seiner Vollendung, und einer seiner Schüler hat es aus den hinterlassenen Fragmenten beendet. Der Introitus, den wir jetzt hören werden, ist der einzige Teil, den Mozart vollständig geschrieben und orchestriert hat. (MUSIK.)

LAWLEY: Wenn man Ihre Theorien stark vereinfacht – ich hoffe, Sie werden mir das verzeihen, Stephen –, haben Sie, soweit ich das verstehe, früher geglaubt, es habe einen Schöpfungsaugenblick, einen Urknall gegeben, aber heute sind Sie nicht mehr dieser Meinung. Sie glauben, daß es keinen Anfang und kein Ende gibt, daß das Universum in sich selbst abgeschlossen ist. Heißt das, es hat kein Schöpfungsakt stattgefunden, und deshalb bleibt auch kein Raum mehr für Gott?

HAWKING: In der Tat, Sie haben das allzusehr vereinfacht. Ich glaube immer noch, daß das Universum einen Anfang in der realen Zeit hat, einen Urknall. Aber es gibt eine andere Art von Zeit, die imaginäre, rechtwinklig zur realen Zeit, in der das Universum keinen Anfang und kein Ende hat. Das würde bedeuten, daß die Art und Weise, wie das Universum begonnen hat, von den physikalischen Gesetzen bestimmt würde. Man müßte nicht sagen, daß Gott das Universum auf irgendeine willkürliche Weise in Gang gesetzt hat, die wir nicht verstehen können. Über die Frage, ob Gott existiert oder nicht, ist damit überhaupt nichts gesagt, nur daß er nicht willkürlich ist.

LAWLEY: Aber wenn die Möglichkeit besteht, daß Gott nicht existiert, wie erklären Sie sich dann all die Dinge, die es außerhalb der Wissenschaft gibt – Liebe, den Glauben, den die Menschen in Sie gesetzt haben und weiterhin setzen, oder Ihre eigene Inspiration?

HAWKING: Liebe, Glaube und Moral gehören einer anderen Kategorie an als die Physik. Aus den physikalischen Gesetzen können Sie nicht ableiten, wie wir uns verhalten sollen. Es wäre allerdings zu wünschen, daß das logische Denken, das wir aus der Physik und Mathematik lernen können, uns auch in unserem moralischen Verhalten bestimmt.

LAWLEY: Aber ich glaube, daß viele Menschen der Meinung sind, Sie hätten Gott praktisch überflüssig gemacht. Leugnen Sie das?

HAWKING: Meine Arbeit hat lediglich gezeigt, daß man nicht behaupten muß, das Universum habe als eine persönliche Laune Gottes begonnen. Trotzdem bleibt die Frage: Warum macht sich das Universum die Mühe zu existieren? Wenn Sie wollen, können Sie Gott als die Antwort auf diese Frage definieren.

LAWLEY: Hören wir Platte Nummer sieben.

HAWKING: Ich bin ein glühender Verehrer der Oper. Eigentlich wollte ich alle acht Platten aus dem Bereich der Oper wählen, von Gluck und Mozart über Wagner bis hin zu Verdi und Puccini. Am Ende habe ich mich auf zwei beschränkt. Eine mußte Wagner sein, bei der anderen habe ich mich schließlich für Puccini entschieden. ‹*Turandot*› ist bei weitem seine schönste Oper, aber auch sie ist leider unvollendet, weil der Komponist vorher starb. Der Ausschnitt, für den ich mich entschieden habe, ist Turandots Bericht über eine Prinzessin im alten China, die von Mongolen vergewaltigt und verschleppt wurde. Aus Rache stellt Turandot den Freiern, die um ihre Hand anhalten, drei Fragen. Wenn sie die nicht beantworten können, werden sie hingerichtet. (MUSIK.)

LAWLEY: Was bedeutet Weihnachten für Sie?

HAWKING: Es ist eine Zeit, um mit der Familie beisammen zu sein und für das vergangene Jahr zu danken. Es ist auch eine Zeit, sich auf das kommende Jahr vorzubereiten, das durch die Geburt des Kindes im Stall symbolisiert wird.

LAWLEY: Und um es materialistisch zu betrachten: Was haben Sie sich gewünscht? Oder sind Sie heute so reich, daß Sie schon alles haben?

HAWKING: Ich liebe Überraschungen. Wenn man bestimmte Wünsche äußert, beschneidet man die Freiheit des Schenkenden und nimmt ihm die Möglichkeit, sich seiner Phantasie zu bedienen. Doch ich gebe gern zu, daß ich auf Schokoladentrüffel versessen bin.

LAWLEY: Bisher haben Sie dreißig Jahre länger gelebt, als die Ärzte Ihnen zugebilligt haben, Stephen. Sie haben Kinder gezeugt, was angeblich nicht möglich war, Sie haben einen Bestseller geschrieben, Sie haben uralte Vorstellungen über Raum und Zeit auf den Kopf gestellt. Was möchten Sie noch tun, bevor Sie diesen Planeten verlassen?

HAWKING: All das war nur möglich, weil ich das Glück hatte, viel Hilfe zu bekommen. Ich freue mich, daß ich soviel habe erreichen dürfen, aber es gibt noch viele Dinge, die ich gern tun würde, bevor ich gehen muß. Ich möchte nicht von meinem Privatleben reden, aber als Wissenschaftler würde ich gern wissen, wie sich die Gravitation mit der Quantenmechanik und den anderen Naturkräften vereinigen läßt. Vor allem möchte ich wissen, was mit einem Schwarzen Loch geschieht, wenn es sich auflöst.

LAWLEY: Jetzt die letzte Platte.

HAWKING: Ich muß Sie bitten, die richtige Aussprache zu übernehmen. Mein Sprachsynthesizer ist Amerikaner und sein

Französisch grauenhaft. Es ist Edith Piafs ‹*Je ne regrette rien*›. Das faßt mein Leben in einem Satz zusammen. (MUSIK.)

LAWLEY: Also, Stephen, wenn Sie nur eine dieser acht Platten mit sich nehmen dürften, welche wäre es?

HAWKING: Es wäre Mozarts ‹*Requiem*›. Ich könnte es mir anhören, bis die Batterien in meinem Walkman leer wären.

LAWLEY: Und Ihr Buch? Das Gesamtwerk von Shakespeare und die Bibel würden dort natürlich auf Sie warten.

HAWKING: Ich denke, ich würde ‹*Middlemarch*› von George Eliot mitnehmen. Ich glaube, irgend jemand hat gesagt – vielleicht Virginia Woolf –, es sei ein Buch für Erwachsene. Ich weiß nicht genau, ob ich schon erwachsen bin, aber ich würde es versuchen.

LAWLEY: Und der Luxusgegenstand?

HAWKING: Ich würde um einen großen Vorrat *Crème brulée* bitten. Für mich ist das der Gipfel des Luxus.

LAWLEY: Also keine Schokoladentrüffel, sondern ein großer Berg *Crème brulée*. Dr. Stephen Hawking, vielen Dank dafür, daß Sie uns Ihre Desert Islands Discs vorgespielt haben, und frohe Weihnachten.

HAWKING: Ich danke für die Einladung, wünsche Ihnen allen eine frohe Weihnacht von meiner einsamen Insel und wette, daß ich dort besseres Wetter habe als Sie.

Personen- und Sachregister

S 62/1

Albert Einstein bei rororo

Mythos, Jahrhundertgenie, Mensch

Michael Paterniti
Unterwegs mit Mr. Einstein
Auf dem Beifahrersitz sitzt Einsteins greiser Pathologe, im Kofferraum schwappt das Gehirn des genialen Physikers in einer Tupperschüssel: Auf dieser ungewöhnlichen Reise quer durch die USA nähert sich der junge Journalist Michael Paterniti dem Jahrhundertgenie Einstein an, einem Mythos, der die gesamte moderne Wissenschaft geprägt hat. 3-499-61934-2

John Stachel (Hg.)
Einsteins Annus mirabilis
Fünf Schriften, die die Welt der Physik revolutionierten
3-499-60934-7

J. Richard Gott
Zeitreisen in Einsteins Universum. 3-499-61577-0

Amir D. Azcel
Die göttliche Formel
Von der Ausdehnung des Universums. 3-499-60935-5

Albert Einstein/Leopold Infeld
Die Evolution der Physik
3-499-19921-1

Stephen Hawking
Einsteins Traum
Expeditionen an die Grenzen der Raumzeit. 3-499-23548-X

Johannes Wickert
Albert Einstein

3-499-50666-1

Weitere Informationen in der Rowohlt Revue oder unter www.rororo.de